黄河水利委员会治黄著作出版资金资助出版图书

治河论丛

张含英　著

黄 河 水 利 出 版 社

·郑 州·

图书在版编目(CIP)数据

治河论丛/张含英著.—郑州:黄河水利出版社,
2013.12

ISBN 978-7-5509-0625-9

Ⅰ.①治… Ⅱ.①张… Ⅲ.①黄河－河道整治－
文集 Ⅳ.①TV882.1-53

中国版本图书馆 CIP 数据核字(2013)第 281013 号

出 版 社:黄河水利出版社
　　　　地址:河南省郑州市顺河路黄委会综合楼 14 层　邮政编码:450003
发行单位:黄河水利出版社
　　　　发行部电话:0371-66026940、66020550、66028024、66022620(传真)
　　　　E-mail:hhslcbs@126.com
承印单位:河南省瑞光印务股份有限公司
开本:890 mm×1 240 mm　1/32
印张:4.625
字数:133 千字　　　　　　　　　印数:1—1 500
版次:2013 年 12 月第 1 版　　　　印次:2013 年 12 月第 1 次印刷

定价:25.00 元

《治河论丛》整理再版委员会

自　序[1]

　　每忆童年夏日家居，辄于皎月初升，暑气少退之时，纳凉湖畔，藉闻老人闲话；星斗在天，飞萤扑面，清风徐至，荷香阵阵袭人，致足乐也。然此闲逸之情境，每为恐怖之恶声所惊破，以致举座惊惶，惴惴焉若无所措，一似大难之将临者。盖鲁西曹属，位在三省交界，素多盗匪，夏季青纱帐起，匪势尤炽；而又地濒大河，水患时闻，乡农御匪防水，恒以鸣炮击金为号，每至匪警水患交乘之时，则隆隆铿輘之声，喧天震地，彻夜不绝，故居民闻之，恒惶惧万状而无所措也。

　　二十年前，吾曹乡先达王公鸿一，力倡生产，推广教育，促进地方自治，化刁狡为良善，进游民于恒业，以故近年匪患被于全国，而独吾曹属匕邑不惊，人民晏然居处者六七年矣。且教育之发达，几为全省之冠，此鸿一先生一人之力焉。然匪祸固去，而河患犹如故也。

　　含英幼年饱受河惊，深知其害，因患思治，于是研究之念油然而生。长而负笈海外，专习水利，期以达此志也。回国而后，十余年间，业余之暇，乃专致力于黄河问题；偶有所得，辄录而存之，或发表于报章杂志，以供时人参考。顾黄河流域，广袤伟阔，治导事业，经纬万端。凡所言者，仅及万一，用备一时之刍荛则可，若刊之简策，垂诸异日，则愧有未敢也。乃近承黄河志编纂会诸友好之嘱，令将以往所撰治河文稿，编辑成册，用以问世，因选辑曾经发表之稿十五篇，刊为一册，以副雅谊。选择之标准，仅以专论黄河为范围，其已成专书或与他人合作而列于他册，或因职务关系而作之各项报告计划，概不选入。所选各篇内容，泰半为探求河患之来源，与治导策略之方针，故对于水文之研究，史乘之记载，多所论列，以求详尽，至

---

[1]　本序言著于 1936 年 1 月，原落款为"民国二十五年元月菏泽张含英识于开封"。

其当焉与否？则非私见所敢定也。

抑又有进者：近年以来，对于黄河之研究测勘，及试验之实施进行，日渐发展，数载之后，治河理论，必更因之丕变。即含英异日之见，亦或与今不同；则兹区区之编，或将等于陈言故纸。虽然，此固黄河之幸事，抑亦作者之所愿也。不禁跂予望之矣！

再版前言

张含英（1900～2002 年）是我国著名的水利专家，也是 20 世纪中国水利事业与黄河治理事业发展的重要开拓者和见证人。

他出生在黄河岸边的山东省菏泽县，黄河水灾的频繁侵扰，让家乡民不聊生，给童年和少年时代的张含英留下了深刻印象，促使他树立了治理黄河、造福人民的志向，并为之执着奋斗了一生。

为了探求治黄与治水的真理，中学毕业后，张含英决心学习水利科学，他品学兼优，如愿考入北洋大学土木工程系深造，不料却因参加五四运动被校方开除。为了完成学习水利、治理黄河的夙愿，他只身远涉重洋，到美国求学，先后获得了美国伊利诺大学、康奈尔大学的土木工程学学士、硕士学位，并放弃了在国外就业的机会，于 1925 年回到祖国怀抱。

但是旧中国社会动荡，战争频仍，水利事业荒废，水旱灾害不断，张含英空有满腹经纶，却难有施展的机会。回国 20 余年间，他换了十几个工作岗位，就职于黄河治理部门的时间屈指可数。但他无论身在何方，都孜孜以求地探寻治黄的真理，查勘黄河，研究治黄方略与理论，既重视对古代治黄历史经验的借鉴，在 20 世纪 30 年代担任黄河水利委员会秘书长期间，又协助著名水利专家、时任黄河水利委员会委员长的李仪祉先生，大力引进西方水利科学技术，在黄河上开展水文测验、测绘测量与水工模型试验工作，积累了大量治黄基本资料，为利用近代科学技术治理黄河做出了重要贡献。他在新中国成立前的治黄代表作《黄河治理纲要》中，系统阐述了其治河主张，提出了上中下游统筹规划、综合利用和综合治理的治黄指导思想。时至今日，这一远见卓识对于黄河治理仍具有重要现实意义。

新中国成立前夕，他拒绝了国民政府要他迁往台湾的要求，决心留在大陆迎接新中国的诞生，并欣然同意参加新中国人民治黄事业。以后又长期担任水利部、水利电力部副部长，兼水利部技术委员会主任的职务，参与国家水利和治黄事业的重大决策，为新中国水利事业与治黄事业的发展贡献了毕生精力。

从旧中国的坎坷经历和新旧社会的强烈对比中，张含英深深感受到，只有在中国共产党领导、人民当家做主的崭新时代，才能真正治理好黄河。中国共产党毫无疑问是实现中华民族伟大复兴的坚强领导力量，也是做好水利工作、治黄工作的坚强领导力量。他热爱社会主义祖国，对党无比忠诚，在耄耋之年，仍然坚持到办公室上班、学习、研究，为水利与治黄事业的发展献计献策，直到生命的最后一刻。

在长期的水利与治黄生涯中，张含英勤奋耕耘，著述甚丰，不但出版专著二十余部，而且写下了大量的治河论文。1936 年以前的治河文章，收在他编的《治河论丛》中，《黄河治理纲要》及 1949 年以后的治河文章，被收入《治河论丛续篇》中。而 1936～1949 年的大部分治河论著，则因时局不稳，作者生活、工作辗转迁徙，未能妥善保存，而晚年又无力从事收集整理，因而未能结集出版。

黄河水利委员会民国黄河史项目组在从事民国黄河史研究的过程中，将张含英散佚的这些论著整理成《张含英治河论著拾遗》一书。在 2012 年张含英先生逝世十周年之际，经黄河水利委员会治黄著作出版资金评审委员会评审通过，该书出版获得治黄著作出版资金资助，得以付梓问世。

评审委员会的各位专家还一致认为：张含英是我国著名的水利专家，对全国水利事业尤其是黄河治理事业做出了重大贡献。他的论著对于我们研究黄河历史，为当代治黄事业提供借鉴具有重要作用。鉴于《治河论丛》、《治河论丛续篇》出版时间已久，存本很少，建议在出版《张含英治河论著拾遗》时，将这两部著作予以再版，使张含英治河论著成为一个完整的系列。这个建议得到黄河水利委员会党组和陈小江主任的大力支持，上述两部著作的再版被正式列入 2012 年黄河水利委员会治黄著作出版资金资助出版书目计划。

　　值此《治河论丛》与《治河论丛续篇》再版之际，谨向为我国近现代水利与治黄事业做出卓著贡献的张含英先生表示崇高敬意与深切怀念。

水利部黄河水利委员会
2013 年 3 月 28 日

再版凡例

一、本书的再版，坚持既忠于原著，又方便研究与学习的原则，在尽可能保持原著的风格与面貌的同时，也作了一些技术处理。

二、由于本书初版时间距今较久，原著的编排方式、字体等方面与今天相比有较大差异，为方便读者阅读，作了以下具体处理：

（一）原著版面为繁体字由右至左竖排，再版时以 1964 年国务院公布的《简化字总表》为准，文字改为简化字，版面改为由左至右横排。

（二）原书中序言及每篇论著末尾，均以民国纪年标示出著述时间，再版时改为采用在每篇论著首页对标题加注释的方法，标明著述时间。注释置于页末，以公历标注原论著时间，在括号内标示出民国纪年时间。

（三）对于书中表述不明确的年代、人名、书名，与今天不一致的河流流域面积等数字，不易理解的专有名词，错误的地名，与今日译名不同的人名、国外河流名称等，均在页末加了必要的注释。本书中以"西元纪元"、"西元"称谓公历纪年，再版时对此加了注释，而未在书中改动。

（四）因原书无注释，所以再版时本书之注释，未加"再版编者注"字样。

（五）本书中有不少表格，表中数字有的是汉语数字，有的是阿拉伯数字，再版时统一改为阿拉伯数字。对于表中年月日中的汉语数字，则未改动。为了便于阅读和版面美观，个别表格式样做了适当变动。

（六）本书中有些引文，与所引著作的原文内容有些出入，再版时根据有关资料，对引文进行了完善与订正。

（七）本书中的计量单位，基本上保持了原貌，惟对用词不规范之处进行了完善，如流量单位，原书中有的为"秒立方公尺"，再版时改为"秒立方公尺"等。

（八）本书中有一些民国纪年时间，只写了年份，前面未加年号，为了准确和不产生歧义，在年份前加了"民国"字样。

（九）早期著作中的标点用法，与今天不同，如引号为"「」"等，再版时以1990年3月国家语言文字工作委员会、国家新闻出版署修订发布的《标点符号用法》为准，改为了现标点符号。对于本书中的不当标点，依照我国现行的《标点符号用法》进行了订正。

（十）对于别字、衍文、错字，在正文中进行了更正。

（十一）原著中某些人名、地名、朝代名下，原有一道小横线，乃过去行文习惯，如潘季驯、开封、宋等，再版时将小横线删去。

目　　录

一　治河策略之历史观[1]

历代治河之策略，恒因河道之情形，与夫政治之状况而异。虽言治河者无虑千百，然简要言之，两汉以贾让三策为中心，宋代以南北分流为争点，明代则趋于分黄导淮之辩议；近世则欲以水力之原理，科学之方法，作治本治标之探讨。爰分别述之。

一、夏禹

帝尧六十有一载，洪水滔天，帝咨四岳，举鲧俾乂；帝乃封鲧为崇伯，使治之。鲧大徒役，作九仞之城，九载，绩用弗成。七十有二载，使鲧子禹作司空，以续父业。命诸侯百姓，兴人徒已傅土。禹乘四载，行山表木，劳心焦思。以水之患，莫大于河，乃导河积石，至于龙门，南至于华阴，东至于砥柱，又东至于孟津，东过洛汭，至于大伾，北过洚水，至于大陆，又北播为九河，同为逆河，入于海。

禹八年于外，三过其门而不入，始冀州，次兖，次青，次徐，次扬，次荆，次豫，次梁，次雍。过九川，度九山，陂九泽，任土作贡，则壤成赋，弼成五服，外薄四海。于是禹锡元圭，告厥成功（帝尧八十载，西历纪元[2]前二二七八年。）

治河程序，必由下而上，故禹自冀而兖，以疏河之下游；自青而徐，以疏淮之下游；自扬而荆，以疏江汉之下游。然后自豫而梁，以浚伊洛之源；自梁而雍，以浚河渭之源；俾大者有所归，而小者有所泄，皆顺自然之情势而导之也。

大禹治河，曾否采用堤防，颇为后世所构讼。而历代谈水利者，率以上古治水，有疏，有浚，而无堤防。明潘季驯曰："《禹贡》云：

---

[1] 本文著于 1934 年 9 月（民国二十三年九月）。
[2] 西历纪元，即公元纪元，下同。

'九泽既陂，四海会同。'《传》曰：'九州之泽，已有陂障，而无决溃，四海之水，无不会同，而各有所归。'则禹之导水，何尝不以堤哉?!"盖以鲧之治水，以障为主，禹则以导为主，故世多谓禹不用堤防，实亦过甚之言也。亦或误于贾让之说欤?!

后世又有以禹播九河以分水势者。著者于《黄河答客问》一文中，力驳此说。盖以大禹之"播为九河，同为逆河"，乃顺当时自然之情势，以导引之，非以人工另辟九河，又合为一河也。故"播为九河"非大禹成功之唯一方法，乃顺自然之势耳。且其时大陆之下，既非生产之中心，文化之荟萃，当时应否加以彻底之治理，亦一问题也。

二、两汉

河于周定王五年（西历纪元前六○二年）决自黎阳（今浚县）宿胥口，东行漯川，至长寿津（今滑县东北），始与漯别行，至大名，约与今卫河平行，至沧县与漳合，至天津以入渤海。汉文帝十二年冬十二月，河决酸枣，东溃金堤，兴卒塞之。汉武帝建元三年冬，河水溢于平原。元光三年春，河徙顿丘，夏决濮阳，六年春，穿渭渠。元封二年春，帝如东莱，夏还，临塞决河，筑宣房宫。汉元帝永光五年冬，河决清河灵鸣犊口。汉成帝建始四年秋，河决东郡金堤。河平元年春，以王延世为河堤使者，塞河决。三年秋，河复决平原，命延世塞之。鸿嘉四年秋，渤海、清河、信都河水溢。绥和二年秋，求能浚川疏河者。汉平帝元始四年，征能治河者百数。新❶王莽始建国三年，河决魏郡。东汉时，明帝永平十二年夏四月，修汴渠堤。

汉武帝元光中，河决瓠子，是时武安侯田蚡为丞相，其奉邑食鄃，鄃居河北，河决而南，则鄃无水灾，邑收多。蚡言于帝曰："江河之决皆天事，未易以人力强塞，塞之未必应天。"而望气用数者，亦以为然。于是帝久之不事复塞。田蚡以私利之见论治河，不足

---

❶ 新，朝代名。莽，指王莽。西汉初始元年（公元 8 年），王莽代汉称帝，国号新，改年号为始建国。

取也。

汉武帝元鼎间，齐人延年上书，言："河出昆仑，经中国，注渤海，其地势西北高而东南下，可案图书观地形，令水土准高下，开大河，东注之海。如此则关东长无水灾。"书上，帝壮之，惟以河乃大禹所道，恐难更改，遂寝其议。

延年之言诚壮矣，惜未顾及事实也。无论其在地理上不可能，即或能之，亦难减下游之河患。盖就流域之面积论之，包头以上虽当全数之半，然以入河之支流无多，水势尚不甚大，迨至下游，泾、渭、汾、沁、伊、洛等水，汇流入河，而后流势始猛，为害始烈。二十二年❶之水灾，其一例也。盖以估计是年洪流为二万三千秒公方，而来自包头以上者，仅二千二百秒公方耳。

汉成帝初，清河都尉冯逡奏言："郡承河下流，与兖州东郡分水为界，城郭所居尤卑下，土壤轻脆易伤，顷所以阔无大害者，以屯氏河通，两川分流也。今屯氏河塞，灵鸣犊口，又益不利。独一川兼受数河之任，虽高增堤防，终不能泄，如有霖雨，旬日不霁，必盈溢。九河故迹，今既灭难明，屯氏河新绝未久，其处易浚；又其口所居高，于以分杀水力。道里便宜，可复浚，以助大河泄暴水，备非常。不豫修治，北决病四五郡，南决病十余郡，然后忧之，晚矣。"

成帝绥和二年，求能治河者，待诏贾让上言上中下三策。其上策为徙民以避水，其言曰：

"古者立国居民，疆理土地，必遗川泽之分，度水势所不及，大川无防，小水得入，陂障卑下，以为污泽，使秋水多得有所休息，左右游波，宽缓而不迫。夫土之有川，犹人之有口也。治土而防其川，犹止儿啼而塞其口，岂不遽止，然其死可立待也。故曰：善为川者决之使导，善为民者宣之使言。盖堤防之作，近起战国，壅防百川，各以自利，齐与赵、魏，以河为境，赵、魏濒山，齐地卑下，作堤去河二十五里，河水东抵齐堤，则西泛赵、魏，赵、魏亦为堤，去河二十五里，虽非其正，水尚有所游荡。时至而去，则填淤肥美，民耕田

---

❶ 指民国二十二年，公元 1933 年。

之，或久无害，稍筑室宅，遂成聚落。大水时至漂没，则更起堤防以自救，稍去其城郭，排水泽而去之，湛溺固其宜也。今堤防狭者去水数百步，远者数里。近黎阳南，故大金堤从河西西北行，至西山南头，乃折东，与东山相属，民居金堤东为庐舍，住十余岁，更起堤，自东山南头，直南与故大堤会。又内黄界中，有泽方数十里，环之有堤，往十余岁，太守以赋民。民今起庐舍其中，此臣亲所见者也。东郡白马故大堤，亦复数重，民皆居其间。从黎阳北尽魏界，故大堤去河远者数十里，内亦数重，此皆前世所排也。河从内黄北至黎阳，为石堤，激使东抵东郡平冈，又为石堤，使西北抵黎阳观下，又为石堤，使东北抵东郡津北，又为石堤，使西北抵魏郡昭阳，又为石堤，激使东北，百余里间，河再西三东，迫阨如此，不得安息。今行上策，徙冀州之民，当水冲者，决黎阳遮害亭，放河使北入海，河西薄大山，东薄金堤，势不能远，泛滥期月自定。难者将曰：若如此，败坏城郭田庐冢墓以万数，百姓怨恨。昔大禹治水，山陵当道者毁之，故凿龙门，辟伊阙，析砥柱，破碣石，堕断天地之性，此乃人工所造，何足言也。今濒河十郡治堤，岁费且万万，及其大决，所残无数；如出数年治河之费，以业所徙之民，遵古圣之法，定山川之位，使神人各处其所，而不相奸。且以大汉方制万里，岂其与水争咫尺之地哉！此功一立，则河定民安，千载无患，故谓之上策。"

贾让中策为引水灌田，以分水势而免河患，其言曰：

"若乃多穿漕渠于冀州地，使民得以溉田，分杀水怒。虽非圣人法，然亦救败术也。难者将曰：河水高于平地，岁增堤防，犹尚决溢，不可以开渠。臣窃按视遮害亭西十八里，至淇水口，乃有金堤，高一丈，自是东地稍下，堤高，至遮害亭高四五丈。往五六岁，河水大盛，增丈七尺，坏黎阳南郭门，入至堤下，水未逾堤二尺所。从堤上北望，河高出民屋，百姓皆走上山。水留十三日，堤溃二所，吏民塞之。臣循堤上行视水势，南七十余里至淇口，水适至堤半，计出地上五尺所。今可从淇口以东为石堤，多张水门。初元中，遮害下河去堤足数十步，至今四十余岁，适至堤足。由是言之，其地坚矣。恐议者疑河大川难禁制，荥阳漕渠，足以卜之。其水门但用木与土耳。今据坚地作石堤，势必完妥。冀州渠首，尽当仰此水门。治渠非穿地也，但为东方一堤，北行三百余里，入漳水中，其西因山足高地，诸渠皆往往股引取之。旱则开东方下水门，溉冀州；水则开西方高门，分河流。通渠有三利，不通有三害。民常疲于救水，半失作业，此一害也。水行地上，凑润上彻，民则病湿气，木皆立枯，卤不生谷，此二害也。决溢有败为鱼鳖食，此三害也。若有渠溉，则盐卤下湿，填淤加肥，此一利也。故种禾麦，更为粳稻，高田五倍，下田十倍，此二利也。转漕舟船之便，此三利也。今濒河堤吏卒郡数千人，伐买薪石之费，岁数千万，足以通渠成水门；又民利其灌溉，相率治渠，虽劳不罢。民田适治，河堤亦成。此诚富国安民，兴利除害，支数百年，故谓之中策。"

贾让下策为修筑堤防，其言曰：

"若乃缮完故堤，增卑培薄，劳费无已，数逢其害，此最下策也。"

两千年来，对贾让三策，率多称之，且认为不易之法。徙民以避水者，即"不与水争地"之意。独清靳辅谓此策不可行，其言曰："但曰民可徙，四百万之国储，将安适乎？即欲徙民，吾不知将徙此数千百万之民于何地也。且河流不常，使河东北入冀，吾徙冀州之民以避之，倘河更东而冲兖，南而徐而豫，吾亦将尽徙兖之民，徐、豫之民而避之乎？"又曰："让之三策自为西汉黎阳、东郡、白马间言，未尝全为治河立论。"靳辅之论颇为切要。

后世虽皆知堤防非治河之完策，然舍此又他无良法，故堤防实占治河工作之全部。明潘季驯且谓堤防古已有之，并非下策，其言曰："昔白圭逆水之性，以邻为壑，是为之障。若顺水之性，堤以防溢，则谓之防。防之者，乃所以导之也。河水盛涨之时，无堤则必旁溢，旁溢则必泛滥而不循轨，岂能以海为壑也？故堤之者，欲其不溢，而循轨以入于海也。"其所引《禹贡》："九泽既陂，四海会同。"诸语，已见前夏禹节内，兹不赘述。潘氏论堤之重要，极为精辟，惜只有堤防，仍不足以治河，况尚未能尽其利乎？

按贾让论民侵河田，与夫战国之河防，当属事实。惟以人口之增加，故有所争。冀鲁豫大平原，本为黄河冲积所成，今尚奔突驰骋于此三省之间，在当时为患之烈，概可想见。是故徙民以避水，只可苟安于一时，绝难维持于永久。况人烟日稠，将更移而无可移乎？克服自然之能力，虽与文化而俱进，然人口日增，其治导之术亦日坚。太古之时，徙民以避水，必为可能，所谓逐水草而居者，足资明证。西汉之时，对徙民之事，虽已感困难，或尚有可能；后人犹以徙民为治河高尚之原则，岂为事实所容许？以徙民可为黄河淤田之上策，绝非可与言治河也，不与水争地，不惟不能治河，而河且将日敝矣。

黄河之患，在于淤淀，如河身高于邻田，水道壅阻不畅，皆为改道冲决之原。其所以如是者，一由河经黄壤层，携沙过多；一由河身不当，冲积无常，苟能于此处设法，其事虽难，而实为根本之要图。前人徒倡"不与水争地"之说，事实上既不可能，而又予治河者以错误之印象，迁延至今，两千余年，河之不治，胥由是也。后之治河者，以事实上既不能徙民，不得已而求其次，乃宽其河身，以缓水流，以杀其势，殊不知水势愈杀而沙停愈多，河身日高，而河患亦日烈。故曰：西汉之时，虽可以徙民为上策，及至今日，则径不可行矣。所可异者，历代虽不无反对之人，然更由"徙民"演为"不与水争地"之说，经千有余年，迄至明潘季驯始有"以水攻沙"之论，然世人以历史之观念过深，至今犹不克镯除，甚可惜也。

贾让之中策为引水灌田，以分水势，其主要目的在分水势，灌田其副效耳。灌溉之利，自不待言。惟分水势与治河之影响如何，实不可深究也。分流之制，始于大禹播九河。后世之论者亦多。如汉张戎则议禁民毋引河灌田，潘季驯则言"合愈于分"。胡渭则以为穿渠引水，田利而河病，皆其例也。

窃以黄河之宜合不宜分，至显然也。盖黄河之最大问题在泥沙，分其势则沙沉而河淤。惟此不过指孟津以下之干河而言，若谓引泾渭、汾、洛诸水以灌田，而有害于干河则非也。泥沙之来源，多由于各支流，若引之以灌田，则支流水来以渐，而携沙亦少，与干河不第无损，而且有益。

惟欲分水势，滚水坝之设，至为需要。于水位达一定高度时，水即可漫坝而分其流，既免淤积之弊，且收分水之效。潘季驯云："黄河水浊，固不可分，然伏秋之间，淫潦相仍，势必暴涨。两岸为堤所固，不能泄，则奔溃之患，有所不免。"旨哉言乎！

是故贾让中策之目的虽尚可，而其方法则不可用。

贾让以堤防为下策，其意盖不若前二者之效用，然犹可用之也。其说亦颇合理，似不宜以下策名之。盖河之为患，其原因甚多，如人体然，其病之来源，或由于饮食，或由于风寒，或由于传染，或由于外伤；卫生之道，必兼顾之，断难定莫为上策，莫为下策也。堤防之重要，古今中外，莫不然之，特不视为治河之惟一法门耳。

后人既不能行徙民之策，又不甘只用堤防之法，故两堤之间，相距甚远，既师不与水争地之意，且可增卑培薄以防水。及后以水攻沙之议兴，而大堤之内，沿河又筑缕堤（外堤名为遥堤），盖欲因河之势，而顺流束之者也。

夫河自禹道逐渐东南徙，即其就下之证。西汉二百余年间，河患数数，危急日甚。然其时除贾让之三策，又别无良法。因循不定，迄无实施，卒使河道南徙。独恨当时之君主，徒托空言，不务实际，置民生于不顾，贻河患于无穷，西汉之亡，良有以也。

王莽始建国三年（西历纪元十一年），河决魏郡，至千乘入海。征能治河者以百数，大都祖贾让徙旷地，放渤海之遗策。迄于东汉建武十年，光武欲修之。浚仪令乐俊上言："民新被兵革，未宜兴役。"乃止。其后汴堤❶东侵，河患愈甚，兖、豫百姓怨叹，以为县官恒兴他役，不先民急。汉明帝永平十二年，议修汴渠，会有荐乐浪王景能治水者，诏发卒数十万。景修渠筑堤，自荥阳东至千乘海口，千余里，乃商度地势，凿山阜，破砥碛，直截沟涧，防遏冲要，疏决壅积，十里立一水门，令更相洄注，无复溃漏之患。景虽简省役费，然犹以百亿计。明年夏，渠成。

王景之治河，其法即为整治河槽，修筑堤防，水门放淤，以减泥沙。盖以黄河东移，民不堪命，贾让之策，既不可行；则整理河槽，

---

❶ 汴堤，似为汴河之误。

修筑堤防，实为必要之图；其后千载无患者，皆景之功也。世之论河者，多称让胜于景，殆臆度之辞耳。

三、两宋

宋都汴梁，漕运之途径以变。太宗太平兴国八年，河决滑州，至彭城入于淮，张齐贤塞之，是为南流入淮之始。至仁宗庆历八年（西历纪元一〇四八年）河决商胡，至天津入海，是为北流。越十二年分流于魏，成二股河。金章宗明昌五年（西历纪元一一九四年）河决阳武，至寿张注梁山泊，北派由大清河入海，南派由南清河入淮。

真宗大中祥符年间，李垂上《导河形势》书三篇，并图。其主张不以疏禹九河故道为是，盖以考诸图志，九河并在平原而北，且河坏澶滑，未至平原而已决矣。九河奚利?! 故主张自滑台而下，派之为六。廷臣议其烦费，遂寝。真宗天禧三年六月，滑州河溢，历澶、濮、曹、郓，东入于淮；即遣使赋诸州薪石橛橛荚竹之数，千六百万，发兵九万人治之。天禧四年三月，河塞。李垂又上书言疏河；拟另疏一道，自上流引北，载之高地，东至大伾，泻复于澶渊旧道，使南不至滑州，北不出通利军界，又以烦扰罢之。

知滑州陈尧佐，以西北水坏城无外御，筑大堤，又叠埽于城北，护州中居民，复就凿横木，下垂木数条，置水旁以护岸，谓之木龙，当时赖焉。

河至宋室，已渐成淤塞之象，故李垂屡有疏河之议，其上书有云："今决处槽底坑深，旧渠逆上，若塞之，旁必复坏……"可见一斑。及仁宗庆历八年，河决商胡，自天津入海。新流亦不畅，故李仲昌请自澶州商胡河，穿六塔河，引河归横陇故道，以杀其势，是主张仍复故道者。而欧阳修则以为不可。有云："……且河本泥沙，无不淤之理，淤常先下流，下流淤高，水行渐壅，乃决上流之低处，此势之常也。然避高就下，水之本性，故河流已弃之道，自古难复。臣不敢广述河源，且以今所欲复之故道，言天禧以来屡决之因：初，天禧中，河出京东，水行于今所谓故道者，水既淤涩，乃决天台埽，寻塞而复故道。未几又决于滑州南铁狗庙，今所谓龙门埽者，其后数年，又塞而复故道。已而又决王楚埽，所决差小，与故道分流。然故道之水，终以塞淤，故又于横陇大决。是则决河非不能力塞，故道不能力复，所复不久，终必决于上流者，由故道淤而水不能行故也。及横陇既决，水流就下，所以十余年间，河未为患。至庆历三、四年，横陇之水，又自海口先淤，凡一百四十余里，其后游、金、赤三河相次又淤，下流既梗，乃决于上流之商胡口。然自京东、横陇两河故道，皆下流淤塞，河水已弃之高地，京东故道屡复屡决，理不可复，不待言而易知也……"若六塔者，于大河有减水之名，而无减患之实，今下流所散，为患亦多，若全回大河以注之，则滨、棣、德、博，河北所仰之州，不胜其患，而又故道淤塞，上流必有他决之虞。此直有害而无利耳！……大约今河势负三决之虞，复故道，上流必决，开六塔，上流亦决，河之下流若不浚使入海，则上流亦决。臣请选知水利之臣，就其下流，求入海路治而浚之；不然，下流梗涩，则终虞上决，为患无涯。臣非知水者，但以今事可验者较之耳！……"盖当时河槽已不成形，故水无所容，下流不畅，则因壅而决，故讨论之焦点在斯。及河分二股，全国之目标又转为疏浚二股河矣！

宋神宗初年，河溢恩、冀、瀛等处，帝忧之，顾问近臣司马光等；都水监丞李立之请于恩、冀、瀛等州，创生堤三百六七十里以御河。都水监丞宋昌言，谓今二股河门变移，请迎河浃进，约签入河身，以纾四州水患。遂与屯田都监内侍程昉献议，开二股以导东流。诏翰林学士司马光等，乘传往相度。光等还，对请如昌言策。已而二股河通行，东流渐深，北流淤浅。水官张巩等，请塞北流。诏光复往视，光入辞，言："欲闭北流，既恐劳费，幸而可塞，东流浅狭，堤防未全，必且致决溢，是移恩、冀沦胥之患于沧、德等州也。"时王安石以光议屡不合，今令视河，后必不从其议，是重使不安职也。乃独遣张茂则行，遂闭北流。北流既塞，而河自其南许家 涝东决，泛滥大名、恩、德、沧、永静五州军地。

河既淤塞，于是选人李公义献铁笼爪扬泥车法以浚河。人皆知不可用，惟安石善其法，令宦官黄怀信先试之，以浚二股，又谋凿直河数里，以观其效。次年又令范子渊等共试验之，皆言不可用；会子渊以事至京师，安石问其故，子渊意附会，遂曰："法诚善，第同官议不合耳。"安石大悦。至是，乃置浚河司。是以治河亦受党派私见之累也。

　　总之，有宋一代，河道紊乱已极，河槽淤淀日甚；而议事者又格于党派之见，国家亦日渐贫弱，不克顾及，是以终宋之世而河不治也。

四、元

　　元代治河能臣，当推贾鲁。其时丞相脱脱，慨然有志于事功，论及河决，即言于帝，请躬任其事。乃命集群臣议廷中，而言人人殊；惟都漕运使贾鲁，言必当治。鲁以二策献：一议修北堤，以制横溃，其用工省；一议疏塞并举，挽河使东行，以复故道，其工费甚大。脱脱韪其后策；虽工部尚书成遵力反其说，卒无效。后二年命贾鲁以工部尚书充河防使，四月二十二日鸠工，七月疏凿成，八月决水放河，九月舟楫通行，十一月水土工毕，诸埽诸堤成，河乃复故道，南汇于淮，东入于海。自受命及还朝，仅逾半载，昏晓百刻，夫役分番，无少间断，其强敏果敢之才，近古以来，未尝有也。其治河方略，载于《至正河防记》，节录如下：

　　"治河一也，有疏，有浚，有塞；三者异焉。酾河之流，因而导之，谓之疏。去河之淤，因而深之，谓之浚。抑河之暴，因而扼之，谓之塞。疏浚之别有四：曰生地，曰故道，曰河身，曰减水河。生地有直有纡，因直而凿之，可就故道。故道有高有卑，高者平之以趋卑，高卑相就，则高不壅，卑不潴，虑夫壅生溃，潴生埋也。河身者，水虽通行，身有广狭，狭难受水，水益悍，故狭者以计辟之；广难为岸，岸善崩，故广者以计御之。减水河者，水放旷则以制其狂，水骤突则以杀其怒。治堤一也，有创筑、补筑之名，有刺水堤，有截河堤，有护岸堤，有缕水堤，有石船堤。治埽一也，有岸埽、水埽，有龙尾、拦头、马头等埽，其为埽台及推卷、牵制、薶挂之法，有用土、用石、用铁、用草、用木、用杙、用绳之法。塞河一也，有缺口，有豁口，有龙口；缺口者已成川；豁口者，旧尝为水所豁，水退则口下于堤，水涨则溢出于口；龙口者，水之所会，自新河入故道之滦也。"

贾鲁之策，即为疏塞并举，其方法则如上节所述，可谓详尽矣。其时成遵反对之理由，则系根据测勘地形，与水位，兼以山东连歉，民不聊生也。然贾氏能注意于河槽淤塞而疏之，堤岸之残破而塞之，分流之紊乱而引之，其眼光之高远，毅力之伟大，实有足多者。盖以有宋一代，言论多而成功少，意见分歧，终至河患日深，无可救济，故王景而后，贾鲁一人而已。

五、明

自贾鲁疏、浚、塞三法倡出后，颇为后世河臣所遵守。徐有贞上疏言："请先疏其水，水势平，乃治决，然后可建闸坝，以时节宣，无溢涸，而后河可得而安。"此疏、塞、浚依次并用者也。

明孝宗弘治五年，河复决金龙口，溃张秋堤，夺汶水入海。六年刘大夏行视决口，阔九十余丈，以下流未可治，宜治上流。先导之南行，只筑长堤，以防大名、山东之患，俟河循轨，而后决可以塞，是先浚而后塞也。于是发丁夫数万，浚贾鲁旧河，由曹出徐以杀水，浚孙家坡，开新河七十余里，导使南行。七年又起河南胙城，经滑、长垣、东明、曹、单诸县，下尽徐州，作长堤，亘三百六十里，即今太行堤也，而漕道复通。

于此吾人所应注意者，即明代凡治河者，必兼顾漕运，盖以明都燕京，漕运则惟黄、运二河是赖。以是明人治河，半为漕运。故世宗嘉靖七年，刑部尚书胡世宁上言："运河之塞，河流致之，故今治河，当因故道而分其势也。"由此可知治河之方策，受漕运之影响极大。

神宗万历六年，潘季驯倡"以堤束水，以水攻沙"之议，一改疏、浚、塞并行之说，开明清治河之新途径。潘氏对于治河，研究之精深，为历代最。兹摘录其言以供探讨：

"然河非可以人力导也，欲顾其性，先惧其溢。惟当缮固堤防，使无旁决，水入地益深，沙随水去，则治防即导河也。"实发古人所未言，与贾让之废堤，宋、元人之主疏者大相径庭，然亦自有其真理在也。

潘氏主张塞旁决，以挽正河，理亦至精，其言曰："窃惟河水旁决，则正流自微，水势既微，则沙淤自积；民生昏垫，运道梗阻，皆由此也。"又曰："堤以防决，堤弗筑则决不已；故堤欲坚，坚则可守，而水不能攻。堤欲远，远则有容，而水不能溢……又必绎贾让不与水争地之旨，仿河南远堤之制，除丰、沛太行原址，遥远者仍旧加帮外，徐沛一带旧堤，查有迫近去处，量行展筑月堤，仍于两岸相度地形，最洼易以夺河者，另筑遥堤……"

潘氏之旨，在固定河槽，不使分流，漫散，其法则以堤防；其论改道之由，深中宋、元人之弊。或有问于潘曰："河既堤矣，可保不复决乎？复决可无患乎？"潘应之曰："纵决亦何害哉！盖河之夺也，非以一决即能夺之，决而不治，正河之流日缓，则沙日高，决日多，河始夺耳。今之治者，偶见一决，凿者便欲弃故觅新，懦者辄自委之天数，议论纷起，年复一年，几时而不至夺河哉！今有遥堤以障有狂，有减水坝以杀其怒，必不至如往时多决，纵使偶有一决，水退复塞，还槽循轨，可以日计，何患哉?!"

潘氏既主堤防，故所定防守之法亦綦详。如四防二守之制是。四防者：昼防、夜防、风防及雨防也。二守者：官守及民守也。

明代之论堤防者，颇不一。如刘天和言筑堤宜远不宜近："历观宋元迄今，堤防形址断续，横斜曲直，殊可骇笑；盖皆临河为堤，河既改，而堤即坏尔。已择属吏之良者，上自河南之原武，下讫曹、单、沛上，于河北岸七八百里间，择诸堤去河远且大者，及去河稍远者各一道；内缺者补完，薄者帮厚，低者增高，断绝者连接创筑，务俾七八里间，均有坚厚大堤二重……"

万恭言八埽四堤："有八埽：曰靠山，曰箱边，曰牛尾，曰鱼鳞，曰龙口，曰土牛，曰截河，曰逼水。有四堤：曰遥，曰逼，曰曲，曰直……今治水者，多重遥直，而轻逼曲。不知遥者利于守堤，而不利于深河；逼者利于深河，而不利于守堤；曲者多费而束河便，直者省费而束河则不便。故太遥则水漫流，而河身必垫，太直则水溢洲，而河身必淤。四者之用，有权存焉；变而通之，存乎人也。"其理至为精切，惟冲淀曲直之理，现代虽正作更深切之研究，尚未得有较完善之结论也。

堤防颇为明代治河之中心问题。潘氏既主张以堤防固定河槽，则何者为适宜河道，又起各家之争执。潘氏又主张复故道，反对开新河。其言曰："沙固易停，亦易刷，即一河之中，溜处则深，缓处则浅。水合沙刷，必无俱垫之理，此浅彼深，亦无防运之事……藉今因此而欲弃故道，别凿新河，无论其无所也，即得更宜之地，而凿之人力，能使阔百丈，以至二百丈，深两丈至三四丈，如故河乎？即使能之，将置黄河于何地乎？如不可置，则行之数年，新者旧矣，河何择于新旧？……"

六、清

清代承明之策略，仍重堤防。故其言论，多为防堤护岸之方法。靳辅论守险之方："守险之法有三：一曰埽，二曰逼水坝，三曰引河。三者之用各有其宜。当风抵溜，其埽必柳七而草三，何也？柳多则重而入底，然无草则又疏而漏，故必骨以柳，而肉以草也。御冰之埽必丁坝而勿横，何也？冰坚锋利，横下埽则小擦而縻，大磕必折也。然埽湾之处，则丁头埽又兜溜而易冲，必用顺埽，鱼鳞栉比而下之，然后可以挡溜而固堤。至十分危急，搜根刷底，上提而下挫，埽不能御，则急于上流筑逼水坝，回其溜而注之对岸。或一、二、三道，若止一道，恐河流悍烈，坝一摧，而堤即不可救也。若开引河，则其费甚巨，又必酌地形而为之，若正河之身迤而曲如弓之背，引河之身正而直，如弓之弦，则河流自必舍弓背而趋弓弦，险可立平。若曲折远近，不甚相悬，河虽开无溢也。诸如此者，殆如御侮然。埽之用，是固其城垣也，坝之用，捍之于郊外者也，引河之用，援师至近营而延敌者也。"

又靳辅论修堤之法，大略有五：一则加高堤堰，以御漫溢；一则多用桩埽，以抵风浪；一则巡查蟫隙，以杜溃决；一则坚修减坝，以资宣泄；一则紧守险汛，以防夺河。

刘成忠议防险之策：自来防险之法有四，一曰埽，二曰坝，三曰引河，四曰重堤。四者之中，重堤为最费，而效最大。引河之效，亚于重堤，然有不能成立之时，又有甫成旋废之患，故古人慎言之。坝之费比重堤引河为省，而其用则广：以之挑溜，则与引河同；以之护岸，则与重堤同；一事而二美具焉者也。埽能御变于仓卒，而费又省，故防险以埽为首；然不能经久，又有引溜生工之大害；就一时言，则费似省，合数岁言，则费极奢矣……古人之防险，于建坝、镶埽、加堤之外，先之以引河；今引河不用，易以守滩，其余三事，悉如其旧，亦犹是由远而近之义也。谨条其说如下：

"一曰外滩易守也。黄河之性，喜曲恶直。曲而向北，则南岸生滩而北险；曲而向南，则北岸生滩而南险。是以防河之法，但防险工，其有滩以外蔽者，毋庸防也。然河流善徙，数年中必一变，伏秋之时，则一日中且数变，其变而生险也，必自塌难治，滩尽而薄堤，薄堤而险必出矣。河工之例，有守堤而无守滩；每当大溜之逼注，一日或塌滩数丈，甚至数十丈，司河事者，相与瞪目束手，而无如之何，惟坐待其迫堤，然后镶埽而已。至未雨之绸缪，固有所不暇及也。夫滩者，堤之藩篱也……《治河方略》云：抢救顶冲之法，于外滩地面离堤三四十丈，飞掘丈许深槽，捲下钉埽，是守滩之一证也……"

"一曰盖坝易建也。挑溜固堤之方，莫善于坝，坝者水中之断堤耳，而其为用，则有倍蓰于堤者。堤能御水不能挑水；且所御者为平漫之水，镶之以埽，护之以砖石，然后能御有溜之水；然止于御之而已，终不能移其溜而使之远去也。坝之为制，斜插大溜之中，溜为坝阻，转而向外，既能使坝前之堤无溜，又能使坝下之堤无溜。十丈之坝，能盖二十丈之堤，因而重之，以次而长，二坝长于头坝，三坝长于二坝，坝至三道之多，大溜为其所挑，变直下为斜射，已成熟径，终不能半途而自返，非独六七十丈之内无溜，即二三百丈之内亦无溜矣。"

"一曰埽制易更也。河工之用埽，自汉已然。潘印川、靳文襄公之治河，凡险要之地，皆恃埽以守御，未尝以埽为引溜生工也，亦未尝弃埽而抛砖石也。自用柳改用秸，而古法于是一变。自横埽尽为直埽，而古法于是又一变。自是以来，愈变愈下，直至今日，而埽遂为利少害多之物矣。"

"一曰重堤易筑也。自明潘季驯治河，即有缕堤、遥堤之制。《河防一览》所载河图，自荥泽、武陟以至云梯关，未有不两堤者。又兼筑月堤、格堤于中，略如今之圈埝，靳文襄公因之。"

夫埽坝及重堤，昔已用之，而坝则未能盛行。其守滩之策，实为治河之新发明。盖以潘季驯虽主以堤束水之议，然堤实难临河，虽缕堤之内，亦必有滩，如滩不能守，则险工变迁不定，冲积刷淀日异，虽欲河槽之固定，亦不可能也。设中水时，水行槽内，洪水则漫滩而流，如滩不能保，则中水槽或因洪流之冲刷而更改，则所作之护岸工作既属无用，而束水之效能亦减。欧美各国沿河皆有护岸之法，我国则仅用以防险。护岸者，与守滩之意相同，如能于滩上防守之，则无滩尽薄堤之险矣。故守滩之议，极为方策之进步者。

坝则近已用之矣，然未尽其善也。

总之有清一代，皆遵潘季驯遗教，靳辅奉之尤谨。及其后也，虽渐觉仅有堤防，不足以治河，但无敢持疑义者，即减坝分导之法，亦未能实行，不得已而专趋防险之一途。故"河防"之名辞，尤盛于清代也。

七、现代

自海禁开，而科学东渐，关于治河意见，来自客卿之供献者有之，我国研究科学而自得者有之，服务河干多年，而根据经验著为论说者亦有之。惟是极为复杂，或者相合，或者相反，且或对旧者怀疑，或对新者蔑视，宛如寒流与暖流相遇，发生弥天大雾，议论纷纭，莫衷一是。是故欲尽举之以表现代之治河策略，实不可能，盖以多系探讨之意见，以供采择之性质，尚未能以策略名之也。无已，姑略述现代治河之趋势，以供参考。

（一）搜集治河之资料也：我国治河理论之发明，虽极完备，然以缺乏科学之研究，不免多偏于空洞。例如潘季驯既主张"以堤束水，以水攻沙"矣，而又谓"堤欲远，远则有容，而水不能溢"。其所以犹豫于堤距之选择者，盖由于所有之资料，不足以确定之也，故主张用遥堤及缕堤以救济之；其言曰："缕堤即近河滨，束水太急，怒涛湍溜，必致伤堤。遥堤离河颇远，或一里余，或二三里，伏秋暴涨之时，难保水不至堤。然出岸之水必浅，既远且浅，其势必缓，缓则堤自易保也。"今既觉贾让不与水争地之策，不合实用，又感过去之堤防不甚得法；然欲定确切之计划，又非有真实之依据不可。例如一年内之流量变化如何，数年内之比较如何，河床之淤垫变化如何，降坡及切面之变化如何，各地之堤距及河槽宽度如何，堤之切面及顶高变化如何……一时皆难得确切之答案。以故数十年来，多努力于资料之搜求，以供解决各问题之依据，李仪祉先生所以主张"求知"，即此之谓也。

（二）致力研究与试验也：水工试验，为世界各国新近之治河贡献，实因以千百万元之工程，与其贸然实施而无效，何若先作小规模之试验，以免金钱之虚掷。况试验工作，实足以辅理论之不足。例如宋人六塔河，二股河之争，缕堤遥堤之功效能力，皆可先之以试验，以为工作之指导。美国费礼门氏（J. R. Freeman），则建议以"尝试"之法，研究治导河道之方策，及适宜于黄河挑水坝之形状，再自实验室所得之效果，即于河道上，以实际之建设试验之，以为改良之张本，逐步为之。方修斯（O. Franzius）谓治河宜先试验，其法有二：一为试验于宏大之试验场，为明了观察其所含泥沙情形计，须有充分之水量；二为按天然河流试验之。是知如资料充足，试验完备，则两宋之争执，及潘氏之疑难，皆可迎刃而解矣。

（三）上下游应兼顾也：我国治河多侧重孟津以下，盖以迁徙漫决，皆在下游之平原也。然夷考河病之源，大抵皆来自上游；诚以上游支水，每成扇形，冲刷泥沙，顺流而下，及抵下游，始有淤垫漫决之患。故仅治下游，不过为补苴罅漏之谋，绝非正本清源之计也。李仪祉先生首创治河宜注重上游之说，其言曰："导治黄河在下游无良策，数十年以来，但注重下游，而漠视上游，毫无结果，故惩前毖后，深望研究黄河者，知所取择也。"故治下游所以防患，治上游所以清源；能于上游减少泥沙之冲刷，则下游自无淤淀之病，而泥沙之问题即得以解决矣；能于上游拦阻洪水，而下游增固堤防，则漫溢冲决之患自免矣。

（四）固定河槽也：河槽不固定，则河终不可治。而与河槽有连带关系者，又有堤距及护岸等问题。关于固定河槽之方法，及堤距之讨论，亦颇不一，更有就单式河槽，或复式河槽加以论赞者，现正在研究之中，姑且不加讨论；惟对于河槽之应使固定，乃一致之主张也。窃以刘成忠所议之护滩，实为固定河槽至要之方策。我国只有堤防，而少护滩工作（护岸之名词，可以包括护堤及护滩）。今后之所应研究者，殆为护岸之方法，河槽之切面大小及形状，与夫河身曲直之路线诸问题耳。

今之统筹治河者，为黄河水利委员会，兹附其《工作纲要》八条，亦可示现代治河之一斑也。

黄河水利委员会《工作纲要》（民国二十二年九月）

（一）测量工作

（甲）地形河道测量

测量为应用科学方法治河之第一步工作，盖以设计之资料，多是赖也。然黄河各段之情形不同，故所需测量之详略亦异。例如巩县以下，河患特甚，测量宜详；巩县至韩城次之；韩城至托克托则在山峡之间，又次之；托克托至石嘴子较为平坦，有灌溉航运之利，宜较详；石嘴子以上则次之。

巩县至河口一段，长约八百五十公里，两堤间之距离，有为十五公里，有为四公里，今估计测量之宽度为三十公里，测定河床形状及两岸地形，绘制五千分之一至万分之一地形图，若组织四大队测量，约三年可以竣事。巩县至韩城一段，长约四百公里，测绘万分之一地形图。韩城至托克托一段，长六百公里，亦测绘万分之一至两万分之一地形图。于山峡处测量区域可窄，于欲修筑工程处如闸坝等，则测量较详；约二大队二年可竣。托克托至石嘴子一段，长亦约六百公里，亦测绘万分之一地形图，二队约二年可竣。石嘴子以上，则暂作河道纵断面及切面测量，一队约二年可竣。黄河上游之地形及河口之状况，概以飞机测之。如是则组织五大队测量，五年内即可竣事。

（乙）水文测量

水文测量包含流速、流量、水位、含沙量、雨量、蒸发量、风向及其他关于气候之记载事项。

其应设水文站之地点如下：皋兰，宁夏，五原，河曲，龙门，潼关，孟津，巩县，开封，鄄城，寿张，泺口，齐东，利津，河口，及湟水之西宁，洮水之狄道，汾水之河津，渭水之华阴，洛水之巩县，沁水之武陟。其应设水标站之地点如下：贵德，托克托，葭县，陕县，郑县，东明，蒲台，汾水之汾阳，渭水之咸阳，洛水之洛宁，沁水之阳武，并令各河务局沿途各段设水标站。

于河源、皋兰、宁夏、河曲、潼关、开封、泺口，各设气候站，测量气温、气压、湿度、风向、雨量、蒸发量等，并令本支各河流域之各县建设局设立雨量站。

（二）研究设计工作

治河之事，环境复杂，其受天然之影响亦至巨，故必有充分之研究，方可作设计之依据。河床之变迁，河道冲刷之能力，沉淀之情形等测验，流量系数之测定，泥土试验，材料试验，模型试验等工作。举凡一切工程于实施之先，必有充分之探讨，对于采得之资料，必有深切之研究。

于开封、济南各择一段河身作天然试验。又择适当地址，设模型水工试验场一所，以辅助之。

三年之后，上项之测量与研究工作，大半完足；即可根据以计划治导之方案，以便工作之实施。举凡本河之根本指导工作，即可以第五年起实施，次第进行。

（三）河防工作

黄河之变迁溃决，多在下游，故于根本治导方法实施之前，对于河之现状，必竭力维持之，防守之，免生溃决之患。欲各河务局之工作，与将来计划不冲突，及其防护合理起见，冀鲁豫三省河务局统归本会指导监督。本会并常派员视察指导，改良其工作，举凡埽坝砖石之应用，增镶新修之工程，皆应努力为之。查我国治河有四千年之历史，其成绩与方法，殊可钦仰。惟防决之法，似有改进之必要，对于汛员兵弁，宜加以训练，俾得明了新法之运用，同时并训练新工人，以作递补之用。

（四）实施根本治导工作

按照上项计划，约四年之后，即可实施治导之工作，其项目如下：

（甲）刷深下游河槽

换言之，即对于下游河道横切面加以整理，河口加以疏浚。河水含沙过多，为黄河之一大问题，欲河槽不淤垫，则流速与切面必有合理之规定，如是则河槽刷深，水由地中行矣。其法或用束堤，或用丁坝，因地制宜。

（乙）修整河道路线

河道过曲，为下游病症之一，故应裁直之处甚多。惟同时亦应顾及现有之事实，相势估计，规定之后，于何处应裁直，何处宜改弧，亦当次第兴办也。

（丙）设置滚水坝

于内堤之适当地点，设滚水坝，俾洪水暴涨时，可以漫流而过，流入内堤、外堤之间，即可免冲决之患，且可淤高两堤间之地，以固地形。惟必加以测验，审慎处置，以免河水因疏而分，因分而弱，因弱而淤河床。

（丁）设置谷坊

山谷间之设坊横堵，既可节洪流，且可淀淤沙，平丘壑，应相度本支各流地形，以小者指导人民设置之，大者官力为之。

（戊）发展水利

沿河可发展水利之地甚多，宜利用之，而以测量壶口为第一事。

（己）开辟航运

黄河上下游必整理之，俾便航运。凡比降过大，或礁石隔阻之处，可设闸以升降之，或炸除其障碍。

（庚）减除泥沙

于泥沙入河之后，应使之携淀于海。然为治本清源计，以能减少其来源为上。其法为严防两岸之冲塌，及另选避沙新道；再则为培植森林，平治阶田，开抉沟洫（参见第六、第七节）。

（辛）防御溃决

于各项新工程实施之后，则水由地中行，水患自可逐渐减除，惟仍宜竭力防护之。

以上工作有须待四年之后起首者，有随时可以兴办者，期十年小成，三十年大成。

（五）整理支流工作

支流之整理与干流本为一体，惟各支流之情形不同，则治导之方法与利用，自当因地制宜。例如渭水航行及灌溉之利，与其含沙量，是当特殊注意者，其他若汾、洛、沁等支流，亦皆应加整理，以清其源也。

（六）植林工作

森林既可减少土壤之冲刷，且可裕埽料，防泛滥，故沿河大堤内外及河滩山坡等地，皆宜培植森林。造林贵乎普及，非一机关或少数人所能为力者，故必与地方政府及人民合作之，严定赏罚条例。

（七）垦地工作

垦地工作，一则有利河道，再则增加生产，实属有益，兹分述之：

（甲）恢复沟洫

治水之法，有设谷闸以节水者；然水库善淤，若分散之为沟洫，则不啻亿千小水库，可以容水，可以留淤，淤经溁取，可以粪田；利农兼之利水。惟西北阶田，必须以政府之力，督令人民平治整齐，再加沟洫，方为有效。

（乙）整理河口三角洲

河口三角洲淤田三百万亩，且河迁移不定，水难畅行，弃富源于地，亦殊可惜。应即着手整理，则工程农田，两收其利。

（丙）整理河滩荒地

沿河两岸荒地甚多，或由于河道之变迁，或由于两岸之淤高，多为未垦之地。如豫省之沿河两岸，及陕西韩、郃、朝、华一带是。

（丁）碱地放淤

沿河碱地，多为不毛，每亩价格极低，即以山东而论，已有近十万顷之数，其他若河南、河北两省沿岸亦甚多，若能整理，则荒田变佳壤，其利甚溥。

（戊）河套垦地

河套一带未垦之地尚多，宜垦殖之。

（己）灌溉田亩

黄河上游及各支流，宜实行灌溉工作；况上游雨量缺乏，尤宜行之。惟在下游颇有考虑之必要，盖以巩县而下，支流无几，若引多量之水以资溉田，则所取者多为水面及河边之水，而含沙量必较少；因之河水之含沙量之百分数必增加。是故下段灌溉，应于河道切面设计时，加以考虑。

（八）整理材料工作

我族沿黄河而东开拓华夏，其与黄河之关系尤为密切；而黄河又具其难治之特性，泛滥变迁，时有所闻，故益为人类所重视。是故史册所载，私家著述，汗牛充栋，极为丰富。今者各实业家及水利机关，或派员视察，或施行测绘，研究者亦不乏人。惟以分地保存，散失不完，若不早日搜集而整理之，则恐年久无存，且昔人之经营，可做今日之借镜，是以应将各种材料搜集整理之也。

八、结论

慨自大禹告厥成功，至今垂四千年矣！无时不以治河为要政；实以我国文化财富之所系，不容或忽也。试读《尚书·禹贡》，历代之《沟洫志》、《河渠志》及其他史集，暨私家著述，则知古今之防河如防敌，稍纵即有灭顶沦胥之祸；故设水官，筹国帑，几竭全力以事河。而历代治河策略之研讨，亦至详且尽也。

大禹治水，自积石以至于海，其详不可考，而后世第以下游为目标，故只论禹道与九河，其他则不知也。迨至西汉，知禹道之不可复，九河之难实现，贾让乃师其意而主不与水争地之说，延年则根本欲改河之道，旁引之以嫁祸匈奴。及至宋代，河槽既淤，河道亦紊，乃竞建分疏之议，又不贯彻其旨。元之贾鲁则主疏、浚、塞三法。所谓"塞"者，即"抑河之暴，因而扼之"也。盖自鲧筑堤以障帝都，而功弗成，后之人鲜有敢言筑堤以障水者；贾鲁之主塞，亦鉴于宋河之紊乱也。及至明潘季驯则主塞旁决以挽正河，以堤束水，以水攻沙，一变元以前治河之策，常为时轮所攻驳。故潘氏为之辩曰："《禹贡》云：'九泽既陂，四海会同。'《传》曰：'九州之泽，已有陂障，而无决溃，四海之水，无不会同，而各有所归。'则禹之导水，何尝不以堤哉？"于此可见欲其政策之施行，亦必以禹为根据而后可也。殊不知潘氏之议，乃承宋元之后，不得不以堤耳。清则因之。及至今世，治河方策，又正在极大演变之中矣。

简言之，鲧以堤而失败，后则取放任之策，迨河道紊乱而不可收拾，于是乃采堤制；渐至防无可防，而有今日诸说。

前代之策略分之如下：

一　九河说（此非禹策，惟后人强以此为禹策耳）；

二　不与水争地（贾让）；

三　旁引说（延年）；

四　分疏说（两宋）；

五　疏、浚、塞三法说（贾鲁）；

六　以堤束水说（潘季驯）。

今日治河之趋势，已如上所述，将来所取之策略，尚难预计。要之，治河之法，随时代为转移，与文化以俱进；断难立一法以垂永久。同一法也，昔人行之有效者，今人或未必以为满足；非法之变也，实以时代与文化不同，治河之法，亦必有所改进也。黄河为患若是之烈，动辄千百万之损失，故历代河臣，不敢轻言变法，皆遵古制，盖有由也。然今者科学进步，机械精良，其治导之策，当更可开一新纪元也。

二　黄河答客问[❶]

近者每与友人相遇，莫不呕呕以黄河问题相询；更或以治河策略修函赐教。实以黄河之患，久已震动人心，妇孺村民，尤为谈虎色变；故一般人士虑患之念深，而不禁求治之心切，辄用抒其所见，以供研讨，此固河务当局所欣祝者也。惜其所取策略，每多囿于历史之观念，或于载籍之中，断章取义，奉为治河长策。此等学说颇为普通关心河务者所赞同，而尤为一般民众所易信。实则其说偏重主观，过拘成见，而缺乏事实之根据，不足以解决黄河之问题也。爰就鄙见所及，拟为答问，略以释疑，藉供商讨，非敢谓是也。

一、黄河下游应否仿播九河之法

客曰："自大禹治平水土，经历数千年，愈演愈烈，迄无正当办法，忧心如结，莫可如何，何大禹成功于前，竟无人继起于后？果神功耶？非人为耶？揆诸事理，终有所疑。乃读《尚书·禹贡》篇载'九河既道'句，方知必须切实研究。既道者尽顺其道也。今日如有九河，即不皆既道，其灾断不至如是之甚。又《禹贡》……'又播为九河，同为逆河，入于海'。河患症结在入海之处，淤垫八河，仅存利津一河，以数千里奔腾下注之水，即九河尚恐不能容纳，则一河入海，迟滞难行，所以晋、豫、冀、鲁沿河流域各县一遇霪霖，人民之淹没，物产之损失，辄至数百千万万元之巨，观之下泪，言之痛心，每自恨读书茫昧，不求其本，何由致用，皓首穷经，究不足经邦济世。"

答曰：按诸《尚书》，考之载籍，大禹治河之功，诚丰矣伟矣！而其成功之原因，是否只在播为九河，殊堪值得探讨也。我华夏民

❶ 本文于 1934 年 6 月（民国二十三年六月）著于开封。

族，沿河东来，初则逐水草而居；比及轩辕，始略定疆域；夏禹之时，其文物之中心，仍在晋豫之交，而滨海一带，犹为东夷负戈之人所杂居也。顾颉刚氏《论古史中地域之扩张》（《禹贡》半月刊一卷二期）有云：

"夏代的历史，我们固然得不到实物作证据，但就书本上的材料看来，那时的国都有说阳翟的，有说阳城的，又有说帝丘的，晋阳的，安邑的，反正离不了现在河南省的北部，山西省的南部，带着一点儿河北省的南端。因此，《史记·吴越列传》里说：'夏之民，左江济，右太华，伊阙在其南，羊肠在其北。'这个疆域不过占了黄河下游一段地方。他们的敌国和'与国'，如穷、寒、鬲、仍、斟灌、斟寻等都在山东省，又可知那时与夏代交通的只有济水流域为繁密。"

近之史家，甚或以谓禹之治水不出蒲、解之间者，如钱穆之《周初地理考》（《燕京学报》十期）：

"……盖蒲解之地，东西北三面俱高，惟南最下，河水环带。自蒲、潼以下，迄于陕津，砥柱，上有迅湍，下有激流，回澜横涛，既足为患；而涑水骤悍，狂愤积郁，无可容淤，山洪怒鼓，河溜肆荡，蒲、解之民实受其害。唐虞正在其地，所谓鸿水之患，其迨在斯也。"

钱氏推测之说，是否确切，姑且勿论，大禹治水，必以晋豫之交为重要区域，敢断言也。于此吾人可知所谓"播为九河"者，乃顺当时自然之情势，以导引之耳，非以人工另辟九河也。然以现时之情势论，播为九河是否合理，实属疑问。例如今河至利津以后，其入海之道凡五，每当大水之时，巨流纵横，弥漫无际，吾人若为临时救济起见，如仅将各流疏浚之，是否即为根本之图，实有待于研究。故吾谓"播为九河"者，非大禹成功之惟一方法，乃顺自然之势耳。且当是时自大陆以下，既非生产之中心，文化之荟萃，应否加以彻底之治理，亦一问题也。

更就理论言之，黄河下游宜合不宜分。盖以如河之泥沙量不能设法减少，水分必沙停，沙停则河淤，河淤则道改。今日利津以下之现象，大可为孟津以下分流之缩影。利津以下既不可分水以治之，而谓孟津以下宜之乎？此不可不特别注意者也。

潘季驯云："黄河之浊，固不可分，然伏秋之间，淫潦相仍，势必暴涨，两岸为堤所固，不能泄，则奔溃之患，有所不免。"盖潘氏已感觉下游不可分之情势，与夫量大之为患，必另设法以治之矣。

要之，分水之法，非绝对不可施行也。如以下游河槽之大小，河底之坡度，不足以适应绝大洪水之用，此时宜用分水之法，可建滚水坝，俾水位达一定高度，引流他注，使河槽本身，既免淤垫之病，过量洪水，又有排泄之地。然此分水治河之法，究与"播为九河"之说，意义不同。滚水坝之法，原则虽可实行，惟其方法、地点及数量等，亦必于研究、测勘，详细考核后，方可行之而无弊也。总此以观，播为九河，是否宜于今日，是否合乎科学，可不待辨而明矣。

然则大禹治水千年无患者，断不能依今日之观点，与不完之记载，悬测古代之河道，而定其为必然也。孟津而下，黄壤大平原，皆为冲积而成，其由来之年月，已不可计矣。惟在远古之时，黄河行经此处，既无山峦之障，其必任意漫流，迨属无疑；且当有夏之时，山东、河北一带，尚非文化中心之区，其历史之记载，必不详尽，如是则史册未载之水患，尚不知凡几也。且吾国史书，记载河患，每因其大小，为记载详略之标准，水患之大小，又往往以损失之巨细为衡，损失之巨细，更以人烟之稀密与生产之情形而异；若在洪荒之世，榛榛莽莽，虽汪洋千里，初无丝毫损失之可言，及夫近代，人烟稠密，村舍栉比，一县被水，则损失无虑数千万计。如同一濮阳也，其在民国二十二年大水中，则损失达二千万元；若在数世纪或十数世纪以前，其损失必寥寥无几矣。故历年治河，纵能日有进步，而一有河患，其损失之记载，仍不能少减者，良以财产之价值日高，需要之保护日切，而水灾之记载亦日益详耳。由是观之，根据今日之观点，与不完之记载，而谓大禹治河千年无患者，乃或能之事也。

二、齐人延年之法

客曰："闻君之言，辟河分水之法似不可行，然愚见殊不若是，续为君言之。设以泾、渭、汾、泽等水，分为一河，黄河、湟水等水另为一河，改河南、山东之路，避黄沙旷野之地；移黄河于长城之外，自晋北之东受降城，相度地势，导河东流，经洪涛山之北，过张北口之外，东赴热河，南转冀省以达渤海……所有泾、渭、汾、泽等水，伊、洛、瀍、涧诸河，仍经黄河之旧道，以便舟楫之交通，既无泥沙之淤积，又无暴烈之水势……则数千年之患永远扫除，数百万之民安享幸福……"

答曰：此师齐人延年之故智也。延年上书有云："可案图书，观地形，令水工准高下，开大河上领，出之胡中，东注之海，如此关东无水灾，北边不忧匈奴……"多年前欧人地理学家，尚有推测黄河于河套弯曲处，自包头以下，昔曾经向东流者，如蒲比雷（Pumpelly）君是也。但今日已有人谓此等学说不确。吾人姑且不论其在地理上、人事上，是否可能？第就减水患之原则论之，亦无补也。

黄河流域约七十三万方公里❶。其在包头以上者，约三十五万方公里，约当全河之半。但上游发水，必七日始可达潼关。渭、泾诸河流域，凡十二万方公里，若有暴风雨，则涨水一二日即抵潼关。其他若汾、沁、伊、洛诸河相距甚近，受暴风雨之影响亦必速。兹就民国二十二年洪水之实例言之，八月十日晨二时，陕县之流量，估计之为二万二千六百秒立方公尺；其来自包头以上者，仅为二千二百秒立方公尺（十分之一耳），其来自山陕谷中者二千三百秒立方公尺，汾河者一千八百秒立方公尺，渭河四千秒立方公尺，泾河一万二千秒立方公尺，北洛河三百秒立方公尺。于此可见，设在该年包头以上之水即尽令东流，岂果能减少下游之水患乎？

今就冲刷之情形言之，黄河之大问题，因含泥沙过多，其重要性，不亚于洪流暴涨。试以民国二十二年论之，其在陕县者，以重量计，约为百分之三十九，而在民生渠口，只百分之三耳。更就各方之观察，泥沙之来自包头以上者实不甚多；是就此言之，亦不能减少河患也。况此法在地理上、人事上，更有较大之困难，其不能实行，甚为显然。

三、堤防可废乎

客又引田子之言曰："古者有河无防，防之兴，始于战国。当时两岸相距五十里，齐、赵、魏三国利河之地而为田，易之以防，河始为患。汉时文武之际，不能破除谬见；武帝且有宣房之筑，太史公作《河渠书》。贾让倡废防议。王景治河，其法以河为经，而渠为纬。自宋以后始大倡防河之说。明之潘季驯，清之靳辅，所谓治河名家，皆名其书曰河防。故古曰河渠，今曰河防也。经河之身，宜宽且深，虽不必如禹河之宽至五十里，视今之缕堤加半或倍之，遥堤则不必置之，非吾之量小于禹与让，盖支渠甚多，自无壅遏之患。河之两岸不置防，不如修饰，不加版筑，新河所起之土，听其平洒，人民得而耕之。自古河有三害，决、溢、徙三者互见；然徙之为害，千百年不一二见，溢之害时有之，而不甚大，决之害则大且深，而不忍言。夫河何以决？生于防也。不观夫暴水之际，有堤之地则决，无堤之地则淹。淹者溢也，禾苗受淹之地，其秒没则死，其秒不没，虽经二三日水退犹生……北方浑浊之水，民用其水，复利其泥；汉之白渠歌曰：田于何所，池阳谷口，郑国在前，白渠在后，举锸为云，掘渠为雨。泾水一石，其泥数斗，且溉且粪，长我禾黍，衣食京师，亿万之口。余习见山西浑、应、山、怀一带之民，雨后导水过之，泥澄而田沃。是溢之为害，害中有利；决之为害，害中无利。有堤防则有岁修费，有抢险费；清代河工之费，不胜其重，河督所属之官，骄奢淫逸，过于王侯；倘移此费以开渠而废防，一劳可以永逸……"

答曰：贾让主徙民以避水，二千年来率多称之。独清靳辅谓此策不可行，其言曰："但曰民可徙，四百万之国储，将安适乎？即欲徙民，吾不知将徙此数千百万之民于何地也？且河流不常，使河东北入冀，吾徙冀州之民以避之，倘河更东而冲兖，南而徐、而豫，吾亦将尽徙兖之民，徐、豫之民而避之乎？"又曰："让之三策自为西汉黎阳、东都、白马间言，未尝全为治河之论。"靳氏之论颇为切实，第尚未能着其标的。

　　后世虽皆知堤防非治河之完策，然舍此则他无良法，故堤防实占治河之全部。明潘季驯且谓堤防古已有之，并非下策，其言曰："昔白圭逆水之性，以邻为壑，是谓之障；若顺水之性，堤以防溢，则谓之防，防之者，乃所以导之也。河水盛涨之时，无堤则必旁溢，旁溢则必泛滥而不循规，岂能以海为壑耶？故堤之者，欲其不溢，而循规以入于海也。"又曰："《禹贡》云：'九泽既陂，四海会同。'《传》曰：'九州之泽，已有陂障，而无决溃，四海之水，无不会同，而各有所归。'则禹之导水，何尝不以堤哉？"潘氏论堤之重要极为精辟，足证堤防不可尽废，惜只有堤防，仍不足以治黄河也，况犹未能尽其利乎？

　　更就溢水淤田论之，若无堤防，当无由决，其理至显，然溢之水患，恐尤甚于决也。既宽其身，则水流必缓，既无堤防，则水涨必溢。水缓则沙停，不数岁而所谓"河身者"，将与地平，而徙继之矣。此不可行者一也。

　　溢水固可以放淤，而淤后之地必渐增高，水性趋下，难使行高，既无堤防，仍必他徙，是减决之祸，而增徙之忧，其不可行者二也。

　　又所以利其淤者，以便于种植也，若每年水溢，则房舍田庐将不保，又焉能得其利耶？此不可行者三也。

　　所谓"溢之害时有之，而不甚大"，以仍有堤防也。若无堤防，则其害必"大且甚矣"。再则河之身宜宽且深，纯系理想之说。冲积之事，有关于切面之形状、降坡之大小、流量及流速之数量者至巨，若弃而不言，仅就加宽加深方面着力，则宽足以缓流，缓足以致淀，而深亦不能生其效。是只收加宽河身之害也，何利之有？故西汉之时，虽可以徙民为上策，及至今日，则不成其为策矣！历代反对此说者，虽不乏其人，然终由"徙民"之议进而演为"不与水争地"之说。相沿千余年，迄明潘季驯始有攻水之论；卒以世人历史之观念过深，至今犹不克蠲除此见，殊可惜也。

　　又"防"非恶意，"防河"亦非下策，盖患生然后防之。若大河泛滥于渺无人烟之区，则不必防矣。所谓"易之以防，河始为患者"，实倒因为果耳。防为患而设，患为防之因，宁能以河之有患，而加罪于"防"乎？譬夫国家备兵，所以御侮，若兵备而侮至，而曰侮由兵来，有是理乎？惟若纯赖堤防为治河之惟一方策，恐有不足耳。此乃二千年来争议之所由起。故于"堤防"之外，当另设他法以辅之，使相并而进，以策万全。若遽"废堤防"则断断乎不可也。

四、河槽淤垫可否以机械刷之

客曰："古人惧黄河淤塞，有用混江龙铁扫帚之法者，至逊清两江总督陶澍始奏请裁撤。查混江龙铁扫帚之用法，系拖于船后……将河底污泥打起与水混合流入海中……"又曰："制造挖泥船数只，从海口溯流而上，分段挖之。挖泥之时，宜循河道避弯就直，可减冲溜刷堤之害，而增加水流之速度。每年挖泥时期，以三、四、五、六等月，水溜浅时行之。挖出之泥沙，应载于堤岸低凹之处，倾出藉以培修堤岸，或雇用人夫，或以工代赈。"

答曰：黄河善淤，诚为大患，若有避免淤积之策，殊可采用，然前述二法不能为力也。盖以黄河之大及含沙之多，决非混江龙或挖泥船所能奏效者。若为局部之整理或海口之疏浚，尚可以挖泥船为之；如赖以解决全河淤淀之问题，实不可能也。

黄河下游，蜿蜒千有余里，身宽千数百丈，若用混江龙为一处之鼓荡，其影响能有几何？势必冲于此岸者，淤于彼岸，刷于上游者，淀于下游；若于全河之中，皆置混江龙，不特事实所不能，抑且经济所不许也。且黄河之淤，乃在溜缓之地。其溜既缓，虽鼓之荡之，必旋起旋减，而收效亦殊微矣。

至于引用挖泥船之法，只可施之于局部，以谋通航之用耳。若欲借此将黄河之淤淀而尽挖出之，则似又未曾一考其事实也。查黄河之含沙量，沉淀于陕县、洊口之间者，每年约为二亿九千四百零七万四千公吨（参考作者著《黄河之冲积》）。若尽量挖而出之，输至堤根，其费用当何如耶？

古之论疏浚者亦不乏人：如刘天和则反对宋人铁龙爪、明人混江龙之法，而主用方舟以长柄铁耙齐浚之；而万恭则谓方舟之法，亦不可用。其言曰："上疏则下积，此深而彼淤，奈何以人力胜黄河哉！

虞城生员献策为余言，以人治河不若以河治河。夫河性急，借其性而役其力，则可浅可深，治在吾掌耳。"又曰："其法为如欲深北则南其堤，而北自深；如欲深南则北其堤，而南自深；如欲深中，则南北堤两束之，冲中间焉，而中自深。此借其性，而役其力也，当万倍之于人。"何其言之精辟也。

潘季驯亦谓挑不胜挑："沙底深者六七丈，浅者三四丈，阔者一二里，隘者一百七八十丈。沙饱其中，不知其几千万斛，而以十里计之，不知用夫若干万名，为工若干月日，所挑之沙，不知安顿何处……"

万、潘二氏之言已明释此等见解之谬误矣，又何待诸深辩。

总之，黄河之冲积，实关系于治黄根本大计；如此问题不得解决，则其他工程，碍难进行。是故上游必设法以减冲刷之势，下游必整理以避淤淀之害，而此等工作则包括森林之培植，沟洫之恢复，谷闸之添设，滩岸之保护，河槽之整理，河身之修治。非仅以鼓荡挑挖，而解决之也。

五、周官沟洫之法

客曰："如君所云，河患如斯之巨，治河如斯之难，然则治河终无根本之法乎？"

答曰：有，其惟恢复沟洫之制乎！

客曰：沟洫乃治田之法耳！何关河事？且废除已久，又何得而恢复之耶？

答曰：试为君言之。世之论治河者多矣，然绝少扼要之言；明潘季驯以水攻沙之议，颇近似之，惟尤不如清沈梦兰主复沟洫之说为切实也。盖以前者可以治下游之淤淀，而后者则能清泥沙之来源。若两者相辅而行，则达于尽善尽美之境矣。黄河历次之溢决迁徙，皆因淤积而流水不畅，为其主因；至暴雨山洪，乃其次焉。是故治黄河之所以异于他河者，在于他河所有一切情形之外，尚须先着力于泥沙之减少也。盖以泥沙问题若不解决，则于其他之治河方法进行，皆感困难。是欲治黄应先对其流域及其本身之冲积具有自由管束之能力，方足以言一切计划方法之施行也，否则尽属空谈耳。

减少冲刷之方法不一：如培植森林杂草，以护地皮；建设谷坊，以停淤积，皆是也。然可供造林之地，究属有限，而谷坊经时不久，即被淤平。其法均莫善于恢复沟洫之制。沈梦兰曰："诚使五省举行沟洫，河之涨流有所容，淤泥复有所漂；而其入海也，又可任其所之，不择南东北三道，皆得畅流而无滞，如是而河犹为患，未之有也。"

《周礼》："匠人为沟洫，耜广五寸，二耜为耦，一耦之代，广尺深尺，谓之畎。田首倍之，广二尺，深二尺，谓之遂。九夫为井，井间广四尺，深四尺，谓之沟。方十里为成，成间广八尺，深八尺，谓之洫。方百里为同，同间广二寻，深二仞，谓之浍（按：周尺等于营造尺六寸六分）。"按沈氏五省沟洫图说之计算，以面积言，每亩只占地四十七方尺，尚不及千分之八也，其影响于农田之效能，当属极小。就沟洫之容量计，每亩为一百二十四立方尺，换言之，即可容二分（即六公厘半）雨量。按径流为雨量三分之一计（此数因各种环境而不同，今以便于明了起见，姑假定之），则二公分之暴雨，可无流入河中之水矣，其防洪能力，亦不为小。此数概就古制而算，若沟洫增加，以占地亩之面积百分取二计之，则五公分之雨水，可以尽容纳于沟洫之中矣。

至对于漂淤之功用，施氏近思录[1]言之颇详。摘录如下："以堤束水，水无旁分，淤泥亦无旁散，冬春水消，淤留沙垫，河身日高，地势日下，加岸之外，更无别法，筑垣居水，岂能久长?! 如使淤泥散入浍洫，每亩岁挑三十尺，以粪田亩，则地方二十里，岁去淤土六百四十八万尺，余水注入中流，刷深河底。虽逢水消，仍得畅流……夫以五省之地，容五省之水，则水无弗容，以五省之人，治五省之水，则水无弗治。此古法所宜亟复哉!"

沟洫之制，为灌溉乎？抑为免患乎？沈氏之言又綦详：……职方豫、兖、幽、并四州，或宜五种，或宜四种，或宜三种。禾黍性喜高燥，能耐旱干，雨泽过多，反被潦损，故沟洫之开，所以除水害也。

---

[1] 指清施璜纂注之《五子近思录发明》一书。

西北地多平原，霖潦无所容泄，大雨时行之候，一昼夜间，平地水高数尺。而畿辅如桑干、滹沱，辄挟涞、易、濡、泡、沙、滋诸水，并流横溢，河间、文霸一带，弥望汪洋，连年稽浸。昔人谓水聚之则害，散之则利，弃之则害，用之则利。所以，东南多水而得水利，西北少水而反被水害也。沟洫一开，则水少而受之有所容，水多而分之有所泄，雨旸因天，蓄泄随地，水害除而水利在其中矣。如为灌溉而设，则沟洫之内，必如东南稻田，常常有水，然后可。而绝潢断港，既无本源，土燥水浑，尤易涸渴。孟子云："七八月之间雨集，沟浍皆盈，其涸也，可立而待也。"人见无裨灌溉，遂并沟洫废之，而水患亟矣。是主沟洫之非灌溉者明矣。然既有存积，即可增加渗透，以润禾稼，其效甚著。至若言沟洫以灌溉为惟一之目的，似有未审也。

近世之倡恢复沟洫之制者，则为李先生仪祉。然其论沟洫之体与用，又似由排水而转变为灌溉者。先生之言曰："孔子说：禹卑宫室而尽力乎沟洫，想不过是一种治田的方法。小者为沟，大者为洫，而主要皆在排水。因当时所苦的是洪水，并无灌溉。所以孟子曰：浚、畎、浍，都是一类的名辞。所以禹时的沟洫，不外乎排水沟渠……周代畎遂以至洫浍，仍是治田之法。等是田间水道，不过有大小之别。沟洫不过总提二字以概其余。它们的用处，据我推想，就不止是排水，而兼有蓄水的功能。为什么呢？周时重要的地方，不出乎雍、梁、冀、兖，如今山、陕、豫、鲁一带。这些地方大半地土高厚，雨水缺乏，又何须乎费许多功夫，去排水呢？要说为灌溉呢！既未讲明水的来源，又偌大地面，又哪能到处引水呢？！所以我们可以断定这些沟浍，不止为排水，又不是为引水，而重要在蓄水。所蓄的水，哪儿来的？自然是雨雪了。这个就是周代沟洫的体与用。"然沟洫既在雨水缺乏之区，其蓄水之目的，固在于防洪者少，而在于润田者多；惟润田而外（以示与灌溉有别），仍兼收防洪之效也。

李先生并就各种不同之地形，作沟洫之计划（《华北水利月刊》第四卷第五期）实为施行此制之指南针。今更于《陕西水利月刊》发表"蓄水"一文，参照耕种情形，拟具计划，尤便施行。

是故沟洫可以淤淤，可以蓄水。淤淤既能减少泥沙，兼能粪田；

蓄水既能防止洪患，兼能润地，减沙防洪，所以除下游之水患；粪田润地，所以利上游之农事也。若无利于上游之民，则必不肯牺牲其田以开沟洫，而下游即不得收减沙防洪之利矣。（此处所谓上游者，兼指各支流而言，非专指大河本身之上游也。）

然沟洫之制已废二千年矣！而欲骤事恢复，决非短期所能为功，大河之患岂容待其恢复而治乎？曰：否。此乃根本大计，自必假以时日，方能奏效。况此外尚须造森林、建谷坊、筑水库、浚河槽，以相辅而行乎。

六、水库及河槽

客续问曰："敢问筑水库及浚河槽之说。"

答曰：水库乃防洪之一法，而特别适用于治黄者也。陆深《续停骖录》云："……后之明于河事者，亦有贾让三策、贾鲁三法。若余阙所谓：'中原之地，平旷夷衍，无洞庭、彭蠡以为之汇，故河尝横溃为患。'斯言也，尤为切要，似非诸家所及……"其言良是。所惜者，昔日建筑之术尚未昌明，而黄河又无天然之湖泊，故古今论及之者少。

美国密西西比河，自施行治理以来，二百年间，率以堤防为惟一之方法，今已有采用蓄水库之倾向矣。然兹所以提倡之者，决非望美效颦，实以黄河河流之情形，以水库为防洪之具，乃最有效之方法也。兹略述陕县之流量变化以验之。

去岁造成数十年未曾有之水灾洪流，八月七日午间其在陕县流量仅二千五百秒立方公尺，八日午刻已达六千秒立方公尺（即过去数年每年洪流之普通数），当夜十时增至一万二千秒立方公尺，十日晨二时达最高峰，为二万三千秒立方公尺，十四日午时又降为六千秒立方公尺之数矣。是其在六千秒立方公尺以上者仅六日耳。然是年之特大洪流，其为期不能过长，亦属意中事，盖历年洪流之来，莫不于短时期内，即行降落，率如奇峰突峙，忽涨忽落，非若他河可绵延一月或二月之久也。民国八年最大流量为六千九百四十秒立方公尺，其在三千秒立方公尺以上者，不及一月。自流量曲线图观之，即在此最大流量之月内，亦宛似工业区之烟囱，高低林立，非普遍之增高也。如七月二十六日之流量为三千六百秒立方公尺者，二十七日即增至六千四百余秒立方公尺；八月一日即降至二千四百秒立方公尺，四日又增至五千七百余秒立方公尺，六日又降为二千四百余秒立方公尺。可见其倏起倏落，若有蓄水库，或拦洪水库，以节其流，则于七月二十七日至陕县之最大流量，可延缓之，分为三五日流下，而洪流之高峰可减，下游水患可免矣。其他各年流量之情形，亦大致类此。

再就水文论之，水库对于黄河之防洪，关系至为切要。水库可分蓄水及拦洪二种，其目的略有不同：前者于蓄水而外，常兼有他种用途，如给水或发水电等，故于水之放出，必按照预定之计划办理。后者乃专为防洪而用，其水门之设计，以不使流量超过下游河身所能容者为限度，对于放水，则无须加以限制。至于各水库之地点与设计，尤必于测勘及详细研究而后，始能定之。

客曰："河流之冲刷既如是之甚，纵有水库，能无淤垫之虞乎？"

答曰：诚如君言，此固一极重大之问题也。按永定河官厅拦洪水库之计划，预计三十年可减少其容量三分之一。黄河各支流，如建水库，或亦似之。然国家如以恢复沟洫之制，为治黄政策之一，积极提倡，若公路然，五十年后，必有可观。若斯，当水库失效之时，正沟洫致用之年，失彼补此，又何患焉？

至于下游河槽，紊乱极矣。其宽度之不适，路线之曲屈，溜势之日有变迁，河底之日见淤垫；既失整齐之功，遂无固定之形，此其致病之重大原因也。关于此点，中外专家极为重视；古之论者亦颇多其人，如前述"九河"及"废堤"等策皆是也。然无充分之测勘研究，治之之道，岂易言哉！现在下游工作，一面测量地形及河道切面，并观测水文，研究土质；一面又托德国恩格斯教授作模型试验；更在中国第一水工试验场试验研究。吾人惟望合理之结论，早日实现，俾便参考研究也。

下游河槽之整理，其重要如是；至于各局部之河槽，有待随时之整理者，为治标计，亦不容稍缓也。

七、堵决宜用新法乎？旧法乎？

客曰："我国堵决旧法，乃根据大河之情势而演进者，料物人工，两称齐备，而必欲于流沙之底以打桩，其能不失败乎？且水吃软不吃劲，必欲易秸为石，亦必愈促其冲刷也。"

答曰：新法、旧法者，乃显然代表两派之名辞，自此名出，一切争点由斯而生。考黄河第一次试用新法，为民国十二年宫家坝之堵口，当时对于新法几经争执，终归采用。其后每次堵口，皆有新旧法之争；恒致意见分歧，不能合作。实则法无所谓新旧，乃人心各怀成见于中耳。

所谓旧法者，言堵口之时，自两方进占，以至合龙；其料则秸、麻及土。所谓新法者，则先行下桩，继而填料，自底而上，平铺出水；其料则用树枝、铁丝、砖石。然进占之法，欧西亦采行之，柳、石等料，吾国久已用之，是皆为堵决方法之一种，不得强以新旧名之也。至于二者究应采用何种为宜，又须以当时之情势，与经济之状况以为断，不能预存成见，而先定取舍也。交通困难之区，若必坚持以采用柳、石，固属不可；而在适宜环境之中，必曰秸、土胜于柳、石，乌得谓宜？

若今年之长垣冯楼堵口，乃新旧方法合用者也。先自两方进占，以至合龙，料物则用砖、石、柳枝，然亦告成功矣。若必谓此项更张，有违向例，不愿相助；又或以为进占之法有背水力学理，不应采行，此皆有新、旧之见存于心也；有失工程之旨矣。要当以事论事，以求解决之法，而谋改进之道；不当固持成见，致有碍于工程之进行也。（前所举例，仅欲说明此理，非谓其法即尽善尽美也。）

是故遇有堵决，应本旧有之经验，参以科学之方法，以为解决之原则；更斟酌环境之情势，与经济之能力，以为判断之根据；斯则新、旧之争，庶乎可免。至云孰优孰劣，不能一概而论，何去何从，当以情形而殊也。

八、完成治导之时期

客曰："黄河水利委员会《工作纲要》，述治河之工作，谓期以十年小成，三十年大成。吾人正感水患之亟，而盼其速成，如大旱之望云霓，须臾不容缓也。若必待夫三十年之后，吾其鱼矣，焉用治为？且黄河关乎华北之文化、财富，又安可不急急谋之，而必迟以三十年耶？"

答曰：孟子曰"七年之病，必求三年之艾。"言病之深，其采用之药料，必经相当之岁月，始有医病之能力也，治河亦犹是也。自有史以来，黄河之患，不绝于书，而历代治河名臣辈出，其经验之丰富，思想之周密，任事之勤慎，今读其书，令人犹赞叹不止，然虽则如是，而黄河之患终未治也。良以病在膏肓，方药难具，虽有名医，卒无良策，故仅能维持生命于不绝，而不克奏药到病除之效也。今日之治河，纵有科学之方法，新式之利器，如无科学之张本，长期之研究，而贸然设计，率尔从事，亦犹医者对于久病之人，尚未察其病源，检其身体，而遽欲施以医药，难乎其为治矣！故病之深者断难操切从事，况黄河为病之深，历时之久，又非此之所可比拟，其能舍斯理而不由乎？

即以古今治河之方策而论，何止千百？然考其究竟，其可行之而无弊者有几？若贸贸然择一家之说，奉而行之，又何异于孤注一掷耶？不宁惟是，即欲用今日科学之方法治之，而无科学之张本以为之据，亦恐事实之所不许也。

且也世之论治河者，多言原则，纵其原则可行，距实行尚不知费若干手续也。例如"束水攻沙"之策，颇可采用，然欲解此问题，则流量、速率、冲积、糙率、地形、切面等，无一不需长时期之研究，若仓卒就事，则难免贻误将来。再如上游之治理，亦不容忽，若培植森林，开挖沟洫，建筑水库，整理支流各节，莫不与下游之河道切面有关，倘不于设计之始，统盘筹划，则恐治河之千万金钱，终归虚掷，岂仅遗欲速不达之讥而已哉！

是故今日治河，虽环境顺利，人事无牵，犹恐三十年之期有不足也；责时间之过长者，殆未思此问题之内容与其繁难之程度耳。

然则大禹治水，千余年无患，而王景治河，亦安然无事者数百年，今独不可得数十年之安定乎？噫！时代不同，则治理之目标亦异，前曾言之矣。设在今日，而欲效先贤治河之方法，必难满意；此非黄河之情形不同，实以人事生产日增，其需之保护日切，而保护之范围亦日广也。且鲧禹父子先后治河费时已二十余年矣，亦非短日所可奏效也。

若然，则治理计划尚未完成之前，将令人民安坐以待鱼食乎？曰：是乌乎可！尚有防汛、抢护之工作以辅之也。千余年来，中国治河，即只此而已，皆未言及治导也。在治导计划未竣以前，犹可继此而行，以事救济，非谓治导即不顾防守，言本则不遑治标也。

要之今日之问题，尚非治导完成之时期问题，乃研究如何，以达治导之目的耳！故所应努力者，为搜集必要之张本，藉供研究、试验、设计之用，而作成治导之具体方案，更当宽筹经费，以利进行。舍此不务，而徒斤斤于时日迟早之计较，似未当也。然如能上下协力，举国一致，俾治河大计，使其早日完成，实不佞所馨香祷祝者也。

三　论治黄[1]

《大公报》二月二十四日载华北水利委员会第九次委员大会中，有李仪祉先生提议"导治黄河宜注重上游"一案，次日又载李先生"治黄研究意见"一文，指破数千年治河之弱点，详示筹款之根本办法，意至善也，因有感焉。爰就鄙见所及，聊供治河者参考。

关于过去黄河之治理，仅能防患于一时，未能贯彻以永久，故昔日之河务局曾以"河防局"名之。近日则防不胜防，千疮百孔，顾此失彼。若不急以新法导治之，吾恐黄河之患，更有甚于今日也。近世科学昌明，河工大进，不得不急谋救济之法。今者李先生所论"宜注重上游"实乃治河新法。若与昔日"专治下游"相对而言，殊能唤起民众之特别注意；然若就治黄全体而论，只注重上游，又似未尽治黄之事。盖以昔日虽注意于下游，实与未注意等耳。例如今年之为险工者，明年必仍为险工，今年之已决口者，明年仍有决口之望（如李升屯、刘庄、黄庄、宫家坝等地是）。历年所谓"治河工程者"，勿宁名之为"抢险工程"，故其不治，与上游等耳。尤有甚者，下游不畅，则上游必决，中外之论皆同。黄河携泥沙甚多，自黄河改道由利津入海以来，七八十年间，淤出新地近三百万亩。山东前年曾有新设三县之议，其工作之巨，殊堪惊人，口门河道，几无一定之可言，一察黄河口门图则其乱如网，上游洪水暴涨，因口门不畅，水不得下行，则河身必积水甚多。水位逼高，坡度以减，故出险时闻。是故黄河之根本问题，虽在于沙，然现在下游不畅，又为黄河致病之一点。决口即有改道之危险，历年以来，事实俱在，就现状言之，吾恐黄河之改道，随时皆有实现之可能，岂不危哉？以上所云，不过略指下游之亟待治理之一例而已，则其待治之急，更不减于上游也。黄河

---

[1] 本文于 1931 年 2 月 27 日（民国二十年二月二十七日）著于葫芦岛。

之不治，其原因甚多，工程知识未备，固其最大者，然亦不能以今日之眼光，责数十年前之河工人员也。惟社会之种种阻力，不可忽也，兹分述之。

（一）畛域之见：治河犹脉络也，一处不畅，则全体停滞，应统筹全局，断不能节节为之。然黄河下流，河南、河北、山东三省之河务局分别成立，各不相谋。即以冀、鲁之交而论，出险之次数最多，而其最大原因，厥为口决河北，而患在山东。山东以职权所限，不克越界整理，河北以利害较轻，鲜能促起注意。虽两省人民互有水利协会之组织，然款则极难筹划，且人多有"各扫门前雪"之成见，只仅守本段，勿使出险而已。

（二）治河人员之成见太深：即以黄河改道北来以后，河工人员积此六十余年之经验，其心得当有相当价值，可断言也。然若自恃其长，不纳异己之见，则为阻止进行之魔障，虽有新知识之工程人员工作其间，亦不克展其所长。如黄河工程，关于打桩一事，纯用旧法，若教以新式打法，并予以新式机器，则群众皆不之理，甚或以停工制之；再则故意将机器破坏，而称不堪用，仍沿其数十年习用之法。又如"合龙"方法，对于旧法实有改良之必要。就山东黄河河务局潘万玉先生之经验言之，于彼所创之新法提出后，闻者无不骇然，其实乃根据科学原理，采取各国所通行者。于此法施行之日，职员工人相率不前，稍有失败，则群相诟病；若按旧法而失败，则相率跪于"大王爷"之前。以此之故，新法鲜敢试用。

（三）主管机关职权不定：近年以来，多知治河之重要，机关林立，然职权不定，殊难进行。例如前年华北水利委员会测量河南黄河一部，将至山东境，其时适值黄河水利委员会成立，令其停止测量。华北水利委员会本负有华北水利设计之责，采取张本，固所应当。况华北水利委员会情愿于黄河水利委员会测量队成立后，将所作成绩完全移交，终不之允，立即停止。然停止则停止矣，继测则未之有也。昨又见报载华北水利委员会关于测量黄河上游事，与陕建厅商洽进行，甚愿其不再受干涉而能实现也。黄河事业重大，固当有最高之机关办理之，服众之人才领袖之，如一有政治意味，殊于建设前途不利，然而黄河水利委员会至今尚未成立也。

（四）职员之责任心轻：论者多谓河务为发财机关，不特不欲其工程之永久，且惟恐其来年之不再决也，此言似属过甚，有之亦或为过去之陈迹，今日之廉明时代，其不能发现，可断言也。然过去数十年来办理河务者之责任心轻，不能不谓为治河之阻碍也。

（五）地方困穷，财政无着：财政困难，已成为全国皆然之现象，全赖政府，则拨款无期，终必成灾。间或有倡义之区，联合附近各县，于危险之期，群相会议，共筹款项，以资防御。当时以生死关头，皆热心从事，某县应拨摊款若干也，某县应摊料若干也，悉无异词。又以情形紧急，则举领袖主办之，预垫之，迨危期已过，对于前者之恐惧，已雨过天晴，不复记忆，再去筹款递补垫支，则无相应者，以致主办者自身负债，工人相随，料贩相伴，不得已则避之他乡，于是对于地方办公益事，多不敢前矣。是故仰诸政府，则库空如洗，自治合作，又结果如是，此河之所以屡决口而无法以防御之也。以上所云，乃其荦荦大者。欲治黄河，则对诸阻力，不可不有以去之也。

据李先生云："国府以治黄研究之责任，畀之建设委员会，并将拨英俄庚款一部分，以供其用。"如能实现，固属国家之幸；然回顾过去，瞻望将来，必一洗过去之积弊，开治河之新纪元，或能有效于万一也。然兹事体大，非短期间所可竣事，分步为之，年有进展，人民之愿已足矣。对于今后应注意之事项，鄙见如下：

（一）关于工程方面：（甲）黄河概略情形，虽有知之者，然对上游漠然，应派黄河察勘队，起自河口，上至星宿，测简单之河形，作详细之调查，一队人两年之时间，二十万元之费用，即已足用；论者或谓此乃大略，不足供工程设计之用。诚然，盖欲作详细之测量，决非最短期间所可完竣者，如能作此一次察勘，即可定治理大概方针也。（乙）继续华北水利委员会之测量。（丙）早日实现水工试验之设立。（丁）训练旧有员工，河工既必每年护养，治理为连续之工作，断不能弃旧法于不用，然须逐渐改进；对旧有员工，若能加以训练，俾其明了，对新法之施行，必获良好结果。（戊）新法之试办，堤防为治河之一法，我国行之已久，即有治本之法，此法亦不可废。故对于护岸工程之改良（今日所用者多为秸埽），决口之防御，决口之堵塞，以及其他之一切工程方法，尽可施用。若当局再能明了新法之当行，努力于改良，新旧兼采，则收效益宏。（己）聘请专家详研治本指标之方案。

（二）关于行政者：（甲）宜即将各省黄河河务局等名称取消，统成一局或委员会，以负护养之责，于会中设专门委员，专司改进设计之责。（乙）各段营防亦应改组，如铁道然，以工段分之。（丙）明定其与有关系各机关之权限。（丁）职员以能专心于职务，而具有特种学识经验者为宜。

（三）关于经济者：（甲）如李先生所云，能以实业之利息专款治河，实为善策。惟所宜注意者，基金之保管，不可不筹有善法，以免野心家之操纵，与夫受时局之影响。（乙）昔日山东曾于丁槽每两银收八角河工捐之法。然此不过征捐之一种名词而已，实未用作治河，于人民凋敝之余，更不宜于施用此法。（丙）报载借款之消息甚盛，能否成为事实，与其对于国家之关系，非本篇所论；若借款，提其一部作建设之事业，既符原议，利且无疆。实首要之事也。

寓居荒岛，昔日搜集张本，未在左右，故言之不免空洞，阅者谅之。

四　水灾与国难[1]

　　一国之文化与财富，与河道之关系至为密切，例如我国之黄河，埃及之尼罗河，印度之恒河，皆在历史上有重要之价值。上古之时，人民逐水草而居，及人口日繁，则思防害之策，兼施利用之术。故占一朝之盛衰，类可自水利水患之情形卜之。又以其关系民生若是之重要也，故史册所载，代不绝书，河为天然之赐予，欲兴利以除害，则端赖人为。是故昌明之世，国富民足，努力讲求，日有进步，则水利可兴，而祸患自除。多难之世，则必有河溢决漫之厄。盖以人事不和，则私欲横流，各利其私，互相争夺，民生凋敝，救死不暇，天灾之来，既未能防患于无形，更无力拯救于当时，及其漫决，只有听诸天命，任黄流之汹涌，扫田庐成丘墟；故曰天灾由于人祸。实以人能和，则天灾容或可免，否则必益逞其凶恶矣。

　　黄河为患，史不绝书，其最烈者，则为前后之六次改道。兹姑述其历史之背景，以实吾言兼为殷鉴。

　　大禹治水之后，终夏后之世，四百余载无水患。殷时河屡溃决，则迁都以避之。周代以沟洫浍川，起自田亩，畿疆封筑，取诸农隙。旱潦蓄泄，任之农功，卒然有急，移用其民以救之。其时事取力征，故土不堤而固，水不渠而洒，河由地中行，盖不劳而定也。及平王东迁（西历纪元前七七〇年），周室衰微，诸侯用兵，图霸逞强。其始也，齐桓争长，其继也，晋楚起衅，秦晋称兵，其间各国互争，大战连年，骚扰已极。当时诸侯，各作堤防以自利，甚或以邻为壑，而河愈横溢，为害无穷。故至周定王五年（西历纪元前六〇二年），河决黎阳（今浚县）宿胥口，东行漯川，至长寿津（今滑州东北）始于漯别行；至大名，约与今卫河平行，至沧县与漳河合，至天津以入渤海。河乃东南徙。

---

❶ 本文于 1933 年 8 月 3 日（民国二十二年八月三日）著于天津。

汉代河患，始于文帝十二年（西历纪元前一六八年）酸枣之决，武帝元光三年，濮阳瓠子口，河决继之。其后百余年间，河患频仍。至成帝绥和二年（西历纪元前七年），求能治河者，待诏贾让上言上中下三策。后又属征治河者，但崇空言，无补实际；以故河弊已极。迨至莽移汉祚，天下大乱，始建国三年（西元❶十一年）黄河二次改道，决魏郡，经清河以东，平原、济南数郡，北流至千乘（今利津县）入海。河更东南徙，大伾（今浚县境）以东，旧迹尽失。

东汉明帝永平十三年，王景治河，多开水门，复河汴分流旧观，不至横决如前矣。及至宋代真宗，国体衰弱，景德间（西元一〇〇四年）辽大举攻澶州（今濮阳西），帝亲征，辽请盟。其后夏王赵元昊反，征讨数载，辽复求地，外患屡来。故于宋仁宗庆历八年（西元一〇四八年）河决商胡（今濮阳县东北），而横陇（今濮阳东）之京东故道塞。北流合永济渠，注青县境，又东北径独流口，至天津入海。越十五年河分于大名，遂分为二股河，此股经德平、乐陵、海丰入海。至哲宗元符二年，东流断绝。

辽代建国北方，于河无与。金克宋之初，两河悉界刘豫；豫亡，河遂尽入国境。宋庆历之决，河乃北徙，后又有东股，几复旧道。宋人恐河入契丹境，则南朝失险，故兴六塔河，主二股河，欲挽之使东，是直以河为天险，非治河矣。后宋南迁，奸相当国。金虽设官以置属，适值两国交兵，故于南宋光宗绍熙五年（即金章宗明昌五年，西元一一九四年）河决阳武故堤，历长垣、菏泽、濮县、范县诸县，至寿张注梁山泊分为二派。北派由北清河入海，南派由南清河入海。距上徙只一四六年耳。

其时金人以邻为壑，故纵河南下，与北清河并行。是以河病敌，非治河也。至元世祖至元间，河决阳武，南徙益剧，又兼会通河成，北派愈微。明孝宗时，则主东西分治，后刘大夏，主张治上游。浚贾鲁河，由曹出徐以杀水，浚孙家波❷，开新河七十余里，导使南行。又经长垣、东明、曹、单诸县，下尽徐州作金堤，长三百六十里，北

---

❶ 西元，即公元纪元，下同。

❷ 孙家波，为孙家渡之误。

流遂绝，沿淤黄河自云梯关入海。时明孝宗弘治七年（西元一四九四年）也。此次迁徙始于元世祖至元中，迄明孝宗弘治七年，凡二百余年，元则利河南徙，明则以漕运之疏通为目标，治理不得其道，河槽紊乱已极。虽非尽由于国难之牵动，实以其非为治河而治河也。

清咸丰元年，洪秀全称太平天国，竭全国之力以事征讨。遂于咸丰五年（西元一八五五年）河决铜瓦厢，北流自大清河入海，即为今道。清初河患虽甚，然皆堵塞御防，惟于此次适值太平天国之兴，故一决而不可收拾也。

就以上之事实，吾人可简述如下：

河道初徙于西元前六○二年，时在周室东迁之后，诸侯称强，作堤自利，以邻为壑。

河道二徙于西元一一年，时在王莽篡汉后三年，天下大乱。

河道三徙于西元一○四八年，宋室衰微，外有契丹之侵，内有夏王之变。

河道四徙于西元一一九四年，金、宋利河以为险，互作攻守之具。

河道五徙于西元一四九四年，三百年间，治理不得其道，至刘大夏始筑太行堤使河南流。

河道六徙于西元一八五五年，适值洪、杨之变。

由上观之，河道迁徙之变，几无不在国家多难之时也。水灾之原因固多，然人事不臧，必其大者。以上所述，略就历次大患言之耳。若细考每次之泛决，亦可得同样之结论。黄河下游，豫、冀、鲁及苏之北部，莫非黄河淤积而成。换言之，即千万年前，黄河曾漫流于此大平原者，不知其几千百次也。故地势平坦，一有冲决，任何处皆可作为河道。试一睹前六次之迁徙图，即可略窥一斑，西薄太行，南及徐淮，莫非河道所经。可知大平原中，任何处皆有为河道之可能也。

尝有以七次迁徙相询者，此诚不幸之预测，然事实如是，亦不必讳言也。以今日之河道状况，及国家情形言之，任何时皆有改道之可能，任何地皆有河侵之危险。自六次改道至今，垂八十年。所幸下游新道（大清河故道），在昔水流尚畅，然以弯曲过多，且河底淤垫，连年决溢，几至不可收拾。论者多谓豫省自清光绪十三年后，未常有患，河可安矣！殊不知此正新道流畅之暂时现象，为时一久，下游淤垫，水流壅阻，不得宣泄，其为患必矣。故吾不为今日之豫省喜，实怀前车之惧也。巩县而下，平均言之，低水位时，河面已较平地高二公尺，大水之时，则五六公尺不等，河行地上，全赖堤防。内战连年，大河南北久已凋敝。防护失时，堤薄厢败，溃决之患，在于目前，卵巢幕燕，犹不自觉，不得不为国人再言之也。

今日国家诚多难矣，内忧外患，俱极险恶，较之辽、金、洪杨之时，已远过之，河之不迁幸也。但势如建瓴，南决则徐、淮、金陵为鱼；北决则燕、赵、天津为墟。丧乱连年，已不堪命，若再遇此巨灾，欲蒙独立国家之名，恐亦不可得也。言念及此，不寒而栗！

今日政府及社会，似已感觉河患之可畏及水利之重要，故亦提倡督促；然此不足以言治河也。东汉末年，求治甚力，诏访征求能治河者，然"崇空言，无施行"，为史家所病，故不数年而徙。甚愿今人能力矫此弊，不事空谈，埋头工作，不求口惠，但务实行，或可渡此难关，否则不忍言矣。古语云："多难兴邦"，不禁馨香以祝之矣。

五 黄河改道之原因[1]

前接国立北洋工学院院长李耕砚先生函嘱，为《大公报》撰"黄河改道之原因"一文，熟思至再，而无以应；盖若论孟津以下之黄河改道乎，则年代悠久，事实繁杂，原因众多，记载简略，断非仓卒所能究其真谛。若言今年利津以下之改道乎，考自铜瓦厢决口，迄今垂八十年，河口数改其道矣，是未始不可以利津作孟津观，以八十年作四千年观，以测历次改道之原因也。如此比拟，视之似较简单，而考其原因之复杂，殊不减于在豫、冀、鲁大平原上之改道耳。夫所谓改道者，乃河患之大者。故今之言治河者，皆以防洪为首要。然不明其因，无以拟方策，不察所患，无以施救济，谨以一得之愚，公之于世，以就正于有道焉。

欲明黄河在下游平原之所以为患，当先考此大平原之所由生成。按诸地质通论，河流冲积之工作，为地形变化的主要原因之一。高原土壤，山岭岩石，被风化以后，经雨水之冲刷，奔注于河，顺流而下，迨至流速稍缓，遂以沉淀，逐年淤积，历时既久，而平原成矣。纵复遇有地球之巨大变动，而山陵崩坠，川泽填塞，高者陷，洼者起，地球之形态，尽可改观，而河流之搬运工作如故，仍不失为造成平原之主要动力；此平原生成之普通情形，而黄河下游之平原，当亦不能例外。

试再考之地史，当沙漠时代（Steppe Period），我国北部及中亚细亚，尽属沙漠不毛之地，空气干燥，每值风作，尘沙蔽天，吹向东南，落而弥漫大地及山川沟壑，故谓此时为沙漠时代。迨经亿万年后，东南之山系陷落，海水趁机侵入，雨量渐增，而成今日之地形与气候，故又名此时为黄壤时代（Loess Period）。当沙漠时期，风携沙

---

[1] 本文于 1934 年 12 月 28 日（民国二十三年十二月二十八日）著于开封。

行，散布各处，风为改造地形之主力，及今黄壤时代，沙随河流，淤积下游，而黄河又有变化地形之权威矣。据地质调查所所长翁文灏氏之估计，黄河流域，黄壤所占面积约十八万八千方公里，已当全流域面积四分之一，其数实堪惊人，且黄壤为风积，其质极细，能漏过二百号之筛子者，约占百分之八十，故易为河水冲刷。黄河既携此多量泥沙，东出峡谷，骤抵平原，流缓沙沉，逐渐淤淀，遂致海日益退，陆日益增，于是下游之大平原成焉。据黄河水利委员会之估计，此大平原为七千四百年所积成，在此以前，泰山不过为海中之一孤岛。然所估此数，或嫌太短。按翁文灏氏之估计，每二〇五年，河水可淤高一呎，则一万年后，可淤高五十呎。翁氏又云：二万年后，上游之黄壤，可尽被冲去。惟翁氏所假定之平均含沙量，较之在陕县所计算者为低，故以上所有之估数，不过供吾人以参考，尚未敢依为定论；然无论如何，而下游大平原之造成，乃黄河之功绩，殆无疑也。且在下游，凡有黄壤冲积之处，皆曾经黄流所波及，亦皆为黄河之领土。明乎此，则黄河之所以时有变迁者，其重要原因，可得而知矣。

吾华民族，自西徂东，沿河而下，始来之际，乐水草之丰美，气候之适宜，既便牧畜，复利种植，初不知有河患也。及至帝尧，洪水突至，乃命鲧禹父子相继治之。鲧败而禹成，千余年后无河患。迨夫战国，堤防之制兴。惟堤防之原始，颇难稽考，论者谓大禹之陂障，即堤防之意，是否如此，兹姑不论；但堤防之筑，必因人烟繁殖，藉资保障，敢断言也。既有堤防，则不能无决，决而不归故流，则改道矣。

黄河难治之原因，各家论者多矣，吾人不便妄事批评；惟就实际情形考之，其改道原因之在河道本身者，约有二端：一为洪流之来去过骤，一为挟带之泥沙过多，兹分述于次：

黄河流量最低之时，恒为十二月及一月，间或亦在五月。盖自一月以后为凌汛、桃汛。其间之水，遇汛则涨，汛过则落。至五月则降落几与冬月等。必至六月而后，始逐渐涨发，及八月而达于最高洪水峰。而黄河河槽，恒淤刷不一；大汛之后，水流渐缓，则逐渐淤垫；经冬而春，间或亦有刷深，惟不甚大；及至大汛，恒有刷深至六公尺者。河槽既深，则容量必增；设当洪水来时，其势稍缓，则河槽有刷深之时间，而防护工料，复有预备，从容处理，自可减少危险。如其来势甚骤，河槽既无刷深之余暇，猝不及防，则难免于患矣！故黄河之大患，在洪水之来去甚骤。试就民国二十二年大水而论，八月八日，河水在陕县猛涨，一日之间，流量自五千秒立方公尺增至一万五千秒立方公尺，九日中夜，续涨至二万三千秒立方公尺；十日渐落，十一日落至一万秒立方公尺，至十四日又落至五千秒立方公尺。以二日之间，自五千增至二万三千秒立方公尺；而又于四日之内，仍降至五千秒立方公尺；水势既如此其骤，河槽自无刷深之时间，故民国二十二年开口五十余处，多漫溢也。然洪水来后，河槽既已刷深，及其一去，水面骤降，而仍有冲决之患，是以有"危险在落水"之谚语。盖大水之时，洪流刷槽，兼淘坝根，未及抛石护之（护根石皆于大水时下抛，小水时抛之无用）。洪去水落，继以正溜顶冲，故其危险，较大水之时为尤甚焉。洪流既去，河槽渐淤，淤而未刷，大水又来，年复一年，如斯循环，故河患终无已时；且其来去之骤，有莫可言喻者。试一阅黄河流量曲线图，则见如峰峦起伏，忽升忽降，非若他河之洪流，曲线平易可延至数月之久，易于施防，此其为害之大因也。

　　黄河含沙量之多，前已言之。按之记录，其在陕县之最大者，以重量计，至百分之四十。以作者之估计，在该处全年平均为百分之二·〇二，在泺口者，为百分之一·〇六，则此相差之数，所代表之泥沙，非尽沉于二地之间乎？（其总数差以重量计，为二亿九千四百零七万四千公吨，或为二亿零二百五十五万六千立方公尺。）所谓沉于二地之间者，非尽在大堤以内，有时溃溢冲决，漫及沿河各处也。然其所以沉于此处者，以自孟津而东，坡度陡缓，河面展宽，水力既不克携之以去，故势必淀于此耳；如以人工导之入海，则河患固可免已，惜乎势有未许也。

　　由是观之，黄河洪水之骤既如彼，而所携泥沙之多又如此，其形成难治之特性，与夫易就改道之趋势，又何怪焉。

　　以上所论，乃其本身之主因，而此外关于人事者，仍复有之；其最著者，即黄河之安危与国家之治乱有直接关系也。作者曾于民国二十二年八月初旬，拟《水灾与国难》一文，颇详言其故，今不复赘述，仅录其结语如次：

河道初徙于西元前六○二年（周定王五年），时在周室东迁后，诸侯横争，作堤自利，以邻为壑。

河道再徙于西元一一年（王莽始建国三年），时在王莽篡汉后三年，天下大乱。

河道三徙于西元一○四八年（宋仁宗庆历八年），时宋室衰微，外有契丹之患，内有夏王之变。

河道四徙于西元一一九四年（南宋光宗绍熙五年），时金宋相争，利河为险，互作攻守之具。

河道五徙于西元一四九四年（明孝宗弘治七年），三百年间，治理不得其道，至刘大夏始筑太行堤使水南流。

河道六徙于西元一八五五年（清咸丰五年），适值洪、杨之变。

河道六大变迁，而五次皆在国家多事之秋，去岁大水，几演改道之惨剧，吾人不禁感慨系之！

于此更略言今年利津以下之改道，黄河大堤至利津之宁海村，以下至海六七十公里，则无堤焉。宛似上古之时，黄河下游无堤孟津以下之形势。至咸丰五年改道，尾闾经铁门故道入海。其后南移，改由毛丝坨入海。嗣又屡改其道，由鱼鳞嘴、老鸹嘴、大洋铺等处入海。今夏以前之河口，则在毛丝坨与鱼鳞嘴之间，今年变迁特多，夏初南徙，旋又北移，过旧河口而入海。现则已届严冬，河口又有南迁之消息；据山东下游分段段长季葆仁之报告：新河道出利津入广饶，绕刘屋子庄之南旺口入海，距小清河口之羊角沟仅十里。是利津以下，河道屡次变迁，其原因之在本身者，仍不出乎前所述二者之外，而人工之未施，亦有关焉。

考自黄河改道北行，二十年后山东始修堤埝，藉资防御；宁海村下虽亦有堤防，嗣以河口之三角洲，尽属荒地，渺无人烟，防守不易，遂以弃之。山东河务局之职权，仅达宁海村，以下听其漫流而已。吾故曰河口之屡次改道，亦由人工未施也。第以前五次改道，河口一带，地荒人稀，虽有漫溢，未感其患，故不为人所重视；今者水利事业，日有进展，每有变迁，则社会人士咸注意及之耳。

　　吾人一言河口，则有无限感慨随之以生，盖河口以下尚有三百七十万亩之肥滩，无人过问焉！作者于此，曾于去岁春间，撰《黄河河口之整理及其在工程上、经济上之重要》一文，以冀唤起政府人民之注意，从事垦殖，以裕国库，利民生，而兼为治河筹基金也。惜乎政府地方，俱感财竭，一时未能施行耳。

　　改道之原因，既略如上述；然则维持防护之法维何？曰：在上游则为洪水流量之节制，泥沙冲刷之减少；在下游则为河槽之固定，堤岸之防护耳。至其详，不属本篇范围，兹弗论及。惟此数事者，已于治标治本，兼筹并顾，河患如此其剧，人民如此其痛，尚望国人急起直追，协力谋之，以早固国本，永奠民生焉。

六　黄河之冲积[1]

黄河难治之特性，即为所含泥沙过多，是故欲根本治黄，必先控制泥沙之冲积。查我国秦岭山脉，界分南北，因之江河流域之土质与气候，亦随之而异。黄河流域土质为黄壤，气候则干燥，而黄壤之组成，又为数千万年之风积所致。盖在黄河上游，秦岭以北，朔风频自沙漠而来，挟多量之细沙以南行，遇秦岭而速度忽减，其所挟之物，亦同样坠落，年复一年，继续不断，遂堆积成为黄土。黄河则又经流其间，逐渐冲刷，挟带下行，又复积垫，于是更成为冀、鲁、豫、苏之大平原。

据翁文灏约计黄河流域黄壤（Loess）区域（见《中国地质学会志》第十卷二四七页）如下：

区域	兰州以上之平原	兰州至宁夏	渭水流域	沁水流域	北洛水流域	汾水流域	西安至观音堂	洛水流域	其他
面积	6万方公里	5.5万方公里	2.6万方公里	0.2万方公里	1.6万方公里	1.1万方公里	0.1万方公里	0.2万方公里	1.5万方公里

以上共十八万八千方公里，约当其流域面积四分之一。

按河本为其专门名词，凡载籍之言河者，概指黄河，以其流经黄壤，水含黄土而色黄，于是称之为黄河。故欲治河，必于黄字上着功夫也。

然欲研究黄河之冲积，自非有数十年之统计以资考证不可。今幸黄河水利委员会已着手工作，数年之后当更有较确切之资料，以供吾

---

[1] 本文摘录作者所著之《黄河流域之土壤及其冲积》一文，摘录时间为1934年1月（民国二十三年一月），原作时间为1933年1月（民国二十二年一月）。

人之探讨也。第为目前计，亦只有将过去残缺之资料加以整理，以作阴夜之磷火，聊示所至而已。

内政部所编《黄河河务会议汇编》中载华北水利委员会之测量结果如下：

地点	时间	流量（秒立方公尺）			含沙量（以重量百分计）	
		最大	最小	平均	最大	最小
陕县	民国八年	6 470	280	1 381		
	民国九年	4 320	240	1 177	7.08	0.57
	民国十年	6 080	390	1 220	17.03	0.66
	民国十八年	5 440	210	1 167	22.62	0.15
开封	民国十八年	4 660	185	1 000	3.82	0.13
泺口	民国八年	4 500	225	905	3.94	0.21
	民国九年	5 875	244	1 880	3.06	0.25
	民国十年	8 050	125	1 640	1.55	0.37
	民国十八年	4 700	80		6.81	0.05

民国二十二年大水，陕县最大流量为一万四千三百四十七秒立方公尺（八月十日），打破过去之记录。惜其泥沙量未有记载。惟渭水之泥沙量，则至百分之四十七（民国二十二年最大流量估计为二万三千秒立方公尺，详见"黄河最大流量之试估"一文。一万四千秒立方公尺者，实非最大流量。）

自上表吾人可见有许多特异之点。例如民国十八年之最大流量，开封、泺口较陕县为小，其间且有汾水及伊洛各河之流入。民国十八年之平均流量亦然，即泥沙量亦复如是。民国八年最大流量陕县亦较泺口为大，且亦无决口之事发生。于此可见河南一段河身之宽，已作蓄水及澄清池之用，其影响于治河者如何，是堪注意者也。

陕县四年之平均流量之平均数为每秒一千二百三十六立方公尺，泺口三年之平均流量之平均数为每秒一千四百七十五立方公尺。

关于含沙量，前表中只有最大与最小者，今自华北水利委员会之测量底稿中摘录表列之。其中次数一栏，为于该月中测量之次数，今只将各该次数之平均数列入（含沙量以重量百分数计）：

甲，陕县

月份		一月	二月	三月	四月	五月	六月	七月	八月	九月	十月	十一月	十二月
民国九年	含沙						1.99	2.39	4.36	3.17	2.83	1.39	0.75
	次数						4	6	7	8	9	6	5
民国十年	含沙			1.13	1.17	1.08	2.08	3.47	1.33				
	次数			7	7	7	10	20	6				
民国十八年	含沙	0.35	0.53	1.20	0.89	0.64			7.30	3.00	2.20		
	次数	3	5	16	15	6			8	12	7		
每月平均含沙		0.35	0.53	1.16	1.03	0.86	2.03	2.93	7.66	3.08	2.51	1.39	0.75

乙，泺口

月份		一月	二月	三月	四月	五月	六月	七月	八月	九月	十月	十一月	十二月
民国八年	含沙			0.39	0.29	0.40	0.58	3.56	1.05	0.57	0.50	0.33	
	次数			5	5	1	4	4	3	5	6	3	
民国九年	含沙			0.55	0.62	0.92	1.45	1.49	2.79	1.86	1.68	0.99	0.36
	次数			6	7	7	7	7	7	6	7	6	4
民国十年	含沙			0.44	0.61	0.97	0.75	1.23	1.55				
	次数			6	5	6	7	7	1				
民国十八年	含沙							4.24	4.45	3.04	2.29	1.27	0.31
	次数							11	26	25	27	26	16
每月平均含沙				0.19	0.54	0.73	0.87	1.89	3.09	1.98	1.51	0.92	0.33

　　由上表亦可见平均含沙量之百分数。于是吾人更可进而求其一年之平均数，以便计算一年中之冲积量。泺口缺少一月及二月之统计，

若假定一月为〇·一五，二月为〇·二〇（可参考前表之一切数目，此假设当有相当之根据），则陕县之含沙量，全年之平均数为百分之二·〇二，而沵口者为一·〇六（因参考材料不完善，且系概约计算，故平均时，未将次数因素加入）。

于此可知经过陕县每秒之携沙量为

$$1\ 236 \times 0.020\ 2 \times 1\ 000 = 24\ 967.2\,(\text{kg/s}) = 27.41\,(\text{t/s})$$

是则每秒约为二千四百九十七公吨或为二七·四一吨，则全年为七亿八千七百一十三万九千公吨，或八亿六千五百九十七万九千吨。

其在沵口者，所得之平均含沙量为百分之一·〇六，自各表中比较之，较之在流量为一千二百三十六秒立方公尺时者为小，以系目前表得来，不便更改。根据此数计算，携沙之经过沵口者每年为四亿九千三百零六万五千公吨。如此则与陕县者之差为二亿九千四百零七万四千公吨，此必皆沉淀于陕沵间矣。

沙之体积约较其重小一·四五倍，则陕县之每年平均含沙量以体积计为百分之一·三九二，沵口者为〇·七三一。今再以体积估计每年之携沙量，经过陕县者为五亿四千二百五十七万七千立方公尺，沵口者为三亿四千零二万一千立方公尺。试更举一比喻，以申述此数目之伟大：若以经过陕县每年之携沙量，筑成约高十三·五公尺、宽一公尺之堤，可围地球赤道一周。亦即等于我国四万万人不论男女老少每人负二公吨重之土壤（约三千斤）自上游运至下游之量数也。

于此更虑及大平原之停积过多。河南、河北二省河道，自陕县以下共长约三百八十公里，平均水位时之宽约为三公里，则每年可填高二公寸。然事实上尚不至若是之巨，盖以短距离之冲积颇多；换言之，有随冲随积者，非尽皆自上游携至下游者。至于此数之大小，尚待研究。然所携之泥沙不淀于河身，必自决口处淤积于两岸，殊堪注意者也。

今更论及河口之推进。有史以来，黄河曾六移其道，纵横于河北、河南、山东、江苏四省，故成冲积层之大平原，其地日渐高，而海必亦日益退。按以上所论经过沵口之携沙，年可填高六公尺者，约六十公里见方。河道在山东境内又甚狭窄，除决口及洪水时，漫溢于新滩者外，必归于海。然全年中含沙最多时期即为洪水数月中，必有一部分淀淤河身，成为新滩，惟亦常有随淀随冲者。冬日水小之时，所有泥沙，大概可以全行入海口，以故流入海中与停淤于泺口以下河身之比例数甚难确定。然以泺口以下速率较大，且距河口只四百余里，今姑定其沙之流入海者为全数百分之七十五，则每年入海者约二亿五千五百万立方公尺。

流入海中之泥沙，设其为潮溜之冲刷而漂流于沿岸各处者为百分之三十，则淤积于河口者，每年为一亿七千八百五十万立方公尺。若海岸之水平均深度为六公尺，黄河三角洲长为六十五公里，则海岸每年平均可前进四〇三公尺。即约二年又六个月可使长六十五公里之海岸进海中一公里。

然于海退之迅速中，吾人不能不有疑问焉。盖以独流、千乘等名词久已载诸典籍，天津、盐山、蒲台等地汉时已有之，若海岸之进展，如前述之迅速，则又有似矛盾者。翁文灏则谓北部平原及渤海有逐渐陷落之现象。其言曰："似乎有一东北及西南方向之区域，包括辽宁之辽河下游渤河湾中部及中部冲积层皆有逐渐下陷之现象。此等陷落，则使一方面海河及他方面辽河三角洲之进展不能表现。此等陷落之现象，已逐渐迟缓，或因此区域之界线部分，有不同方向之移动，以致今日利津河口淤积之现象，特别显著也。"（见《中国地质学会志》第十卷）

黄河所携泥沙与黄壤之化学成分极为相近。其粒极细，约有百分之八十以上漏过二百号筛子。

至于河流速度与冲积之关系，亦为有待研究者。惟此等关系颇为复杂，例如流量大者其总量必多，速率大者其成分必巨，而河底之情形不同，即在同一切面上，亦有冲积之不同。其冲刷之泥沙，亦有两种性质，一则自上游携至下游，上游则为冲，下游则为积；一则为短距离之搬运，冲于弧之凹面者积其凸面，虽亦逐渐向下，然只受局部速率之影响。

关于各种物体，在速率如何大小之时，方能起始挟带，虽屡作试验，终以各河流之情况不同，结果亦无甚价值。例如小量水有某种速率不能挟带者，大量水则能之，其一例也。是故各河道工程书籍中，虽有冲积及速率关系之公式或图表，不过仅供吾人参考，未可贸然应用于各河流也。

由华北水利委员会陕县民国八年、九年、十年及十八年之水文记载中，求得最小之平均速率为每秒一·二〇公尺，最大者为每秒二·七三公尺。盖以其尚在山峡中也。开封民国十八年半年之统计流速最小者为每秒〇·七二公尺，最大为每秒二·一九公尺。（系春汛之速率，当伏汛时流量必大，然因河身太宽，流速大小如何，实不敢定，此处参考材料缺乏，殊为可惜。）泺口最小之平均速率为每秒〇·二八（其他三年统计最小者皆在〇·五以上）公尺，最大为每秒二·七一八公尺。平均速率如是之大，则无怪其携沙之多也。

试就黄河之冲刷情形，与世界著名各河比较之。各河所含之泥沙量，以重量计，略举如下：

黄河百分之二·〇二（陕州，或为四十九分之一）及百分之一·〇六（泺口，或九十四分之一）；

可仑拉都（Colorado）河❶，一四二分之一；

米雪里（Missouri）河❷，二六五分之一；

绿格兰（Rio Grande）河❸，二九一分之一；

波（Po）河，九〇〇分之一；

密西西比（Mississippi）河，一五〇〇分之一；

罗因（Rhone）河❹，一七七五分之一；

尼罗（Nile）河，一九〇〇分之一。

密西西比河每年之平均流量每秒为六十二万立方英尺（一万七千六百立方公尺）。以平均流量计，虽较黄河大十二倍，然其含沙量则远不及之也。

---

❶ 可仑拉都河，今译科罗拉多河。

❷ 米雪里河，今译密苏里河。

❸ 绿格兰河，今译里奥格兰德河。

❹ 罗因河，今译罗纳河。

据尼罗河之测验，速率若有每秒四至五英尺，即有冲刷之现象，以之论于黄河，则非敢下断语矣。盖以冲积之情形，不仅受速率之影响，举凡流量、水深、河形、泥沙之性质、局部之情况，必皆加以考虑，方可有较切之结论。在学理方面，对于冲积之现象，固可加以试验，然尤必须于黄河本身，加以测勘研究。黄河泥沙既关系若是之重要，对于其冲积又必施以控制，是故在治本工作中，此项研究实为首图。记载务持以悠久，测验必尽其详密。因此，似可于河南及山东各选一段河身，于不同之水位流量中，与不同深度及不同位置之地点，详测各断面之含沙量，并考察其冲积之情形。再作一试验渠，以为学理研究之辅助。如是则泥沙冲积之情形可以明了，而控制设施之方案，可以定矣。

七　黄河之糙率[1]

古今之论治河者，对于适宜之河道横切面，莫不有充足之讨论。然究以资料之缺乏，结果多偏空洞，如"不与水争地"、"束水以攻沙"等理论，各执一词，互相诉讼。即同主"束水攻沙"者，对于河道之宽应为若干尺，亦莫衷一是。推其原因，皆由基本元素之不明，而有纷争之现象。按河道流速公式甚多，其最常用者，则为哲塞（Chezy）一七七五年，及满宁（Manning）一八九〇年所定者。于一八六九年葛泰（Ganguillet and Kutter）对于哲塞公式中之系数又拟定一推算之公式。

今设以：v 为水流之平均速率，以每秒公尺计；a 为河道横切面，以平方公尺计；Q 为河之流量，$Q = av$，以每秒立方公尺计；n 为葛泰及满宁公式中之糙率；P 为河道横切面之湿界（Wettel Perimeter），以公尺计；r 为平均水径（Hydraulic radius），$r = a/P$ 以公尺计；S 为水面之比降（slope）。

则哲塞公式为

$$v = C\sqrt{rs}$$

葛泰公式为

$$C = \frac{23 + \dfrac{1}{n} + \dfrac{0.000\,155}{S}}{1 + \left(23 + \dfrac{0.000\,155}{S}\right)\dfrac{n}{\sqrt{r}}}$$

满宁公式为

$$v = \frac{1}{n}r^{\frac{2}{3}}S^{\frac{1}{2}}$$

此公式中之糙率（n），必由测验得之，或有他河之结果，采其

---

[1] 本文于 1933 年 3 月 15 日夜（民国二十二年三月十五日夜）著于天津。

与问题中之河道环境相似之资料以为根据。然糙率因沿河土质（或砖石等，按河岸之情形而定），草木之生长，河道之状况而异。采取他河者，不免有极大之错误（后详），然欲有推算，必先知 v、r 及 S 之值。

连年建设之呼声，虽高冲云霄，基本工作，则迄未进行。好夸大，而不顾事实，喜空谈，而不务实际，使已有之建设，逐渐破坏，良可慨也！黄河测量，已有多年历史，民国七、八年间，已着手进行，中间亦若断若续，至民国十八年间，沿河已设水文站三处，水标站六处，并由华北水利委员会沿河测量，民国十九年即奉令停止。是故沿河水文测量资料最完备之年，即民国十八年也。兹就该会已有之张本研究之。

陕县、开封及洺口为水文站，潼关、巩县、姚期营、兰封之东坝头、濮县之唐屯、寿张之十里铺为水标站，各站间之距离则系自陆军测量局十万分之一地图量得者。亦曾与其他地图相校对，相差无几。

民国十八年五月十五日及十一月五日之水位曲线，颇为平坦，并无流量增高或减少之现象；换言之，其时之流量为一定，而比降亦为一定也。八月十五日为在高水位时，其比降颇不如前二者之可靠，但为比较高水位时之比降起见，亦列入对照，如黄河之比降表。

黄河之比降表

地名	水位及比降	日期			离前站之距离（公里）
		五月十五日	八月十五日	十一月五日	
潼关	水位（公尺）	320.30	321.51	321.18	水位以大沽海面为标准
陕县	水位（公尺）	289.60	293.40	290.52	73.8
	水位差（公尺）	30.70	28.11	30.66	
	比降	0.000 416	0.000 381	0.000 416	
巩县	水位（公尺）	106.00	106.47	106.34	230.0
	水位差（公尺）	183.60	186.93	184.18	
	比降	0.000 800	0.000 810	0.000 800	

续表

地名	水位及比降	日期			离前站之距离（公里）
		五月十五日	八月十五日	十一月五日	
姚期营	水位（公尺）	94.84	96.15	95.72	42.1
	水位差（公尺）	11.16	10.32	10.62	
	比降	0.000 265	0.000 245	0.000 252	
开封柳园口	水位（公尺）	77.20	78.10	77.55	109.4
	水位差（公尺）	17.60	18.05	18.17	
	比降	0.000 161	0.000 165	0.000 167	
兰封东坝头	水位（公尺）	69.05	69.84	69.72	33.0
	水位差（公尺）	8.15	8.21	7.83	
	比降	0.000 246	0.000 248	0.000 236	
濮县唐屯	水位（公尺）	50.20	53.11	51.97	136.2
	水位差（公尺）	18.85	16.73	17.75	
	比降	0.000 136	0.000 123	0.000 130	
寿张十里铺	水位（公尺）	39.46	42.18	40.49	80.0
	水位差（公尺）	10.74	10.93	11.48	
	比降	0.000 134	0.000 137	0.000 142	
泺口	水位（公尺）	24.90	28.10	26.10	132.8
	水位差（公尺）	14.56	14.08	14.39	
	比降	0.000 110	0.000 106	0.000 108	

　　又泺口至利津为一五五·四公里，利津至海为七七·〇公里，共为二三二·四公里。

　　对于上表之结果，似属满意。五月为低水，十一月为中水，八月为高水。然其结果则相差无几。即以十里铺至泺口论，对于五月十五日，及十一月五日之数目，应较重视，前已言之，几为〇·〇〇〇一一。

而利津以下因受潮水之影响，颇难估计，于民国二十一年十月视察时，在济阳一带所得比降，亦约为万分之一。再就距离及水位估计之，则在泺口附近之比降定为〇·〇〇〇一一似无大谬。而兰封、开封间之比降，似属较大，姚期营及巩县间者亦较大，或由于两站间距离稍近，偶有错差，辄无法以补偿也。今以姚期营及濮县唐屯间计之，则所得之比降在五月十五日为〇·〇〇〇一六〇，八月十五日为〇·〇〇〇一五四，十一月五日为〇·〇〇〇一五七。郑州而上，则南岸有邙山，更西至陕县则为山地，故比降应大。是故关于黄河比降可得以下之结论：十里铺以下之比降为〇·〇〇〇一一〇，唐屯至十里铺之比降为〇·〇〇〇一三五，姚期营至唐屯之比降为〇·〇〇〇一六〇。

恩格尔[1]（Engels）于《制驭黄河论》中，曾估算黄河之比降，在河南境内孟津以下为〇·〇〇〇二。至论及姜沟、魏家山等地费礼门（J. R. Freeman）之结果时，又称"此与前所推测之平均水坡〇·〇〇〇二相差甚微"。是恩氏对姜沟（十里铺下二五公里）之比降仍认为〇·〇〇〇二也。此数似属稍大。

费礼门之《中国水患论》（Flood Problem in China, Transactions of Am. Society of Civil Engineers Vol. LXXXV, 1922）中有云："黄河三角洲之半径约为四〇〇英里，其顶角约为九〇度，其向海之比降，极为均匀，以直线论每英里降十英寸，沿河道每英里降八英寸。"换言之，即以直线论为〇·〇〇〇一五八，以河道论为〇·〇〇〇一二六也。此数之计算未详，似取此四〇〇英里之平均数者。是故较之上段则为小，比之十里铺之下，则又较高也。

方修斯（Franzius）于其《黄河治导计划书》中，有云："初步总略计划中，则于运河口处取平均比降 0.000 15 = 1:6 666 为已足。"按：运河口即在姜沟（十里铺下），必在〇·〇〇〇一一及〇·〇〇〇一三五之间。方氏之数，亦似稍大。

于此所又应声明者，则恩、方两氏之结论，多以费氏报告为根据，盖以费氏曾作视察测验之工作也。

---

[1] 恩格尔，现译恩格斯。

自葛泰及满宁两公式所得之糙率（n），极为相近。兹选用满宁公式以推算糙率，即

$$n = \frac{r^{\frac{2}{3}} S^{\frac{1}{2}}}{v}$$

兹自民国九年、十年及十八年三年中任意摘录泺口水文之张本，以作糙率之计算（见黄河糙率之计算表）。民国八年虽亦有记载，惜河道切面不全，未得列入。记录中之河道切面图，多为每月测验一次者，故水面之宽，即由各该图量得之。

黄河糙率之计算表

时间		水标位（以公尺计）	平均速率（以秒公尺计）	河流面积（以方公尺计）	流量（以秒立方公尺计）	水面宽（以公尺计）	平均深（以公尺计）	比降	糙率（满宁公式）	
									流量在一千秒立方公尺以上者	流量在一千秒立方公尺以下者
民国九年	三月七日	24.36	1.000	485.30	485.23	145	3.35	0.000 11	0.023 6	0.023 6
	四月五日	25.29	1.310	801.80	1 050.68	200	4.00		0.019 1	0.019 1
	四月二十八日	24.71	1.270	555.00	704.05	175	3.17		0.017 8	0.017 8
	五月十八日	25.12	1.772	884.00	1 566.86	230	3.84		0.014 5	0.014 5
	五月二十六日	25.76	2.115	1 555.10	3 288.41	240	6.46		0.017 2	0.017 2
	六月十日	25.60	2.063	1 279.10	2 641.03	230	5.58		0.012 4	0.012 4
	七月七日	25.20	1.552	953.90	1 479.09	230	4.15		0.017 4	0.017 4
	七月十八日	25.57	1.836	1 200.10	2 202.71	230	5.23		0.017 2	
	七月二十八日	26.16	2.20	1 506.60	3 179.00	240	6.28		0.016 9	
	八月十日	26.83	2.405	2 025.40	4871.14	270	7.53		0.016 6	0.016 6
	八月二十二日	25.71	1.828	1 262.40	2 307.79	250	5.03		0.016 8	0.016 8
	九月九日	25.55	1.604	1 089.00	1 747.03	215	5.08		0.019 3	0.019 3
	九月二十三日	27.52	2.601	1 871.10	4 866.85	290	6.48		0.014 1	0.014 1
	十月二日	27.39	2.437	1 867.80	4 550.77	290	6.46		0.012 2	0.012 2
	十月十二日	27.88	2.450	2 185.80	5 560.56	300	7.30		0.012 9	0.012 9
	十一月十三日	26.09	1.497	1 144.50	1 713.27	240	4.76		0.019 7	0.019 7
	十一月二十七日	25.89	1.177	1 136.80	1 338.67	240	4.76		0.025 3	0.025 3
	十二月十六日	25.54	0.907	932.70	844.66	190	4.90		0.034 4	0.034 4
	十二月二十一日	24.65	0.542	662.40	358.35	170	3.89		0.047 8	0.047 8

续表

时间	水标位（以公尺计）	平均速率（以秒公尺计）	河流面积（以方公尺计）	流量（以秒立方公尺计）	水面宽（以公尺计）	平均深（以公尺计）	比降	糙率（满宁公式） 流量在一千秒立方公尺以上者	糙率（满宁公式） 流量在一千秒立方公尺以下者
四月七日	25. 65	1. 310	971. 00	1 268. 20	255	3. 80		0. 019 6	0. 019 6
五月六日	25. 40	1. 350	583. 30	786. 87	240	2. 40		0. 014 0	0. 014 0
六月二十四日	26. 07	1. 88 5	1 002. 85	1 890. 37	325	3. 08		0. 011 8	0. 011 8
六月二十九日	26. 69	2. 634	1 335. 80	3 518. 50	340	3. 92		0. 009 9	0. 009 9
七月十一日	26. 79	2. 434	1 235. 70	3 007. 70	340	3. 63		0. 010 2	0. 010 2
七月十五日	27. 95	2. 695	1 886. 20	5 083. 30	350	5. 38		0. 011 9	0. 011 9
七月十七日	28. 69	2. 718	2 289. 60	6 223. 10	365	6. 27		0. 013 1	0. 013 1
八月十五日	29. 05	2. 219	3 195. 40	7 090. 60	428	7. 45		0. 018 0	0. 018 0
八月十七日	28. 47	2. 349	2 629. 60	6 176. 90	365	7. 20		0. 012 1	0. 012 1
七月十九日	25. 48	1. 60	508. 94	815. 4	290	1. 75		0. 009 5	0. 009 5
七月二十四日	27. 75	2. 36	1 238. 26	2 919	390	3. 18		0. 009 6	0. 009 6
八月六日	27. 60	2. 39	1 432. 80	3 424	370	3. 91		0. 010 9	0. 010 9
八月十日	28. 49	2. 63	1 754. 29	4 614	380	4. 60		0. 011 0	0. 011 0
八月十六日	28. 27	2. 37	1 672. 96	3 965	360	4. 64		0. 012 3	0. 012 3
八月十七日	28. 34	2. 58	1 698. 82	4 383	370	4. 59		0. 011 2	0. 011 2
八月二十二日	26. 70	2. 17	981. 53	2 126	360	2. 72		0. 009 4	0. 009 4
九月四日	26. 71	2. 44	1 121. 24	2 737	360	3. 12		0. 009 2	0. 009 2
九月九日	26. 15	1. 87	796. 64	1 489	320	2. 49		0. 010 3	0. 010 3
九月二十二日	25. 95	1. 63	747. 77	1 221	315	2. 37		0. 011 4	0. 011 4
十月九日	26. 36	2. 12	911. 17	1 927	335	2. 72		0. 009 7	0. 009 7
十月二十一日	26. 13	1. 96	800. 16	1 565	315	2. 54		0. 010 0	0. 010 0
十月三十一日	25. 98	1. 11	728. 66	810. 2	300	2. 43		0. 017 1	0. 017 1
十一月五日	26. 10	1. 57	786. 18	1 232	295	2. 67		0. 012 8	0. 012 8
十一月二十二日	26. 14	1. 33	834. 40	1 113	315	2. 65		0. 015 0	0. 015 0
十一月二十九日	25. 80	0. 98	715. 46	704	260	2. 75		0. 021 0	0. 021 0
十二月四日	25. 03	0. 70	499. 83	348. 3	245	2. 04		0. 021 4	0. 021 4
十二月十二日	25. 05	0. 79	528. 46	416. 9	205	2. 58		0. 015 0	0. 025 0
十二月二十日	23. 72	0. 28	263. 00	73. 66	135	1. 95		0. 058 4	0. 058 4
十二月二十五日	24. 54	0. 44	342. 95	150. 0	140	2. 45		0. 043 3	0. 043 3
平均								0. 017 4 / 0. 013 5	0. 024 3

民国十年 （对应前九行）

民国十八年 （对应后二十行）

上表中之糙率，有者似较高，或过低，是或由于在水位增降之时所致。例如当水涨之时，则水面比降必大。按前计算之比降以求糙率，所得之数必较低，反之则高，是以糙率之值稍有变化。再则于流量低时，糙率亦增，例如流量为七三·六六秒立方公尺时，n 为〇·〇五八四，盖由于水面宽而浅所致。所采录之流量皆为河流在河槽之内者，因漫流于滩时各部分之资料不足，故略之。

今将糙率分为两部，一为流量在一〇〇〇秒立方公尺以上者；一为小水时期，即在一〇〇〇秒立方公尺以下者。可见前者除有少数之特别情形外，尚称一律。后者之变化较大，实由于低水位时，河道之变化，影响较巨也。

其中最后之二数（即〇·〇五八四及〇·〇四三三）似不应与其他平均计算，因在每年中此等时期较短也。然以共有四十八个数目，影响其总平均数当亦不大，惟影响于低水时之糙率较大耳。

开封柳园口之河道淤垫变化情形颇甚，而张本亦不充足，只有民国十七年十一月至十八年六月者，无高水位之记录，然为校对黄河糙率之计算表之结果起见，亦列表以明之，如黄河糙率之计算之校对表。

黄河糙率之计算之校对表

时间		水标位（以公尺计）	平均速率（以秒公尺计）	河流面积（以方公尺计）	流量（以秒立方公尺计）	水面宽（以公尺计）	平均深（以公尺计）	比降	糙率（满宁公式）流量在一千秒立方公尺以上者	流量在一千秒立方公尺以下者
民国十七年	十一月五日	77.39	1.51	764.20	1 154.88	310	2.46	0.000 16	0.015 3	0.015 3
	十一月二十日	77.48	1.41	709.55	1 002.65	370	1.92		0.013 8	0.013 8
	十一月二十九日	77.28	1.14	654.71	749.43	340	1.92		0.017 1	0.017 1
	十二月七日	77.43	1.14	568.90	649.54	360	1.58		0.015 1	0.015 1
	十二月十三日	77.19	0.65	368.75	239.64	350	1.02		0.019 7	0.019 7
	十二月二十四日	77.05	0.61	358.15	217.57	340	1.05		0.021 4	0.021 4
	十二月二十九日	76.96	0.54	293.06	156.89	340	0.864		0.021 2	0.011 2

续表

时间		水标位（以公尺计）	平均速率（以秒公尺计）	河流面积（以方公尺计）	流量（以秒立方公尺计）	水面宽（以公尺计）	平均深（以公尺计）	比降	糙率（满宁公式）	流量在一千秒立方公尺以上者	流量在一千秒立方公尺以下者
民国十八年	一月十七日	77.44	0.91	600.57	549.16	350	1.72		0.015 5		0.015 5
	六月十九日	77.51	1.44	621.33	894.42	380	1.64		0.012 2		0.012 2
	六月二十七日	77.45	1.58	747.99	279.62	380	1.96		0.012 5	0.012 5	
平均									0.016 4	0.013 8	0.017 4

　　自黄河糙率计算之校对表中，吾人益可信黄河糙率之计算表之结果无误。所差者为低水位时之糙率，或由于黄河糙率计算之校对表中无最小流量所致。故可得以下之结论：

　　流量在一〇〇〇秒立方公尺以上之糙率（n）为〇·〇一三五，流量在一〇〇〇秒立方公尺以下之糙率（n）为〇·〇二二〇，糙率（n）之总平均数为〇·〇一七五。

　　方修斯依据费礼门在姜沟及魏家山民国八年五月至八月测量之结果（姜沟七数，魏家山六数，最小流量为三七六秒立方公尺，最大者为七六四四秒立方公尺），以比降〇·〇〇〇一二六，按傅希亥满（Forchheimer）公式推算之结果如下：

　　糙率（n）之总平均数为〇·〇一九五，高水位时（四〇〇〇秒立方公尺以上）之糙率（n）为〇·〇二一〇，中水位时（一〇〇〇秒立方公尺以上）之糙率（n）为〇·〇一六五，低水位时（一〇〇〇秒立方公尺以下）之糙率（n）为〇·〇一九三。

　　费礼门于其淮河报告中求得黄河糙率（n）为〇·〇一五。

　　方氏之总平均数与所推算者颇近。糙率与比降之平方根成比例，若方氏亦用〇·〇〇〇一一之比降，则其总平均数变为〇·〇一八二，更为相近。惟高水位与中水位之糙率相差实不若是之巨。再按涤口与魏家山之切面相差无多，其上口较姜沟者稍狭，而底则稍宽耳。再其计算中高水位者六，中三，低四，数目太少，则受特情现象之影响自大。

费氏之数与黄河糙率之计算表中一〇〇〇秒立方公尺以上流量之糙率颇相近。

由费、方二氏之结果，亦可证以上之推算大概无错。

糙率系数，各河不同，采用他河者作本河之设计，易生谬误之结果。爰采 Schoder and Dawson's Hydraulics 第十二表，及 King's Handbook of Hydraulics 第七十三表，在各种情形下之糙率（n），列为葛泰及满宁公式之 n 表：

葛泰及曼宁公式之 n 表

粗糙之情形	糙率（n）				附注
	最优	优等	中等	劣等	
洋灰敷面之河渠	0.012	0.014	0.016	0.018	为设计时常用者
洋灰碎石面	0.017	0.020	0.025	0.030	
碎石面	0.025	0.030	0.033	0.035	
细铺方石块面	0.013	0.014	0.015	0.017	
运河及渠道					
土质成直线且均匀者	0.017	0.020	0.022 5	0.025	
凿石，平滑且均匀者	0.025	0.030	0.033	0.035	
凿石，锯齿状且不规则者	0.035	0.040	0.045		
迁缓之运河	0.022 5	0.025	0.027 5	0.030	
浚挑之河道	0.025	0.027 5	0.030	0.033	
运河之有石底而岸上生草者	0.025	0.030	0.035	0.040	
天然河道：					
（一）整洁直岸河底深浅不大差者	0.025	0.027 5	0.030	0.033	
（二）如（一）而有草石者	0.030	0.033	0.035	0.040	
（三）弯曲，有深溜及滩但整洁者	0.033	0.035	0.040	0.045	
（四）如（三）低水位之比降及切面不适宜者	0.040	0.045	0.050	0.055	
（五）如（三）有草石者	0.035	0.040	0.045	0.050	
（六）如（四）切面为石者	0.045	0.050	0.055	0.060	
（七）迁缓，有草及深溜者	0.050	0.060	0.070	0.080	
（八）草甚多者	0.075	0.100	0.125	0.150	King 分 n 为四级
均匀切面之人造河道					Schoder 未分等级
底岸皆以平滑之木板装成者	0.009				

续表

粗糙之情形	糙率（n）				附注
	最优	优等	中等	劣等	
以纯洋灰泥敷面者	0.010				
以洋灰浆（1:3砂灰）敷面者	0.011				
平整粗木板装成者	0.012				
方石工，或上等砖工	0.013				
普通砖工	0.015				
上等碎石工，或粗污木板	0.017				
切面不均匀之河道					
最整洁之运河，在坚硬之卵石地，切面较均匀而河岸整齐者	0.020				
普通土质运河或河道，情形尚好，无大石及茂草，而河岸整齐者	0.025				
同上，间有草石者	0.030				
河道粗糙，或底不规则：或草石甚多，或碎石散布，而岸不整齐者	0.035~0.040				
极曲折之河道有更高之 n 值，但 r 之值常不一定，如山谷急流，森林或居住区之洪流等	0.050~0.070				

今设无以前之推算，自上表中选用黄河之糙率，或较〇·〇一三五为大，盖以此数为切面均匀，而以方石或砖砌之河道者；再则洋灰敷面之河渠亦为此数。以普通知识测之，黄河糙率当较此数为高。即以总平均数而论，亦较上表中黄河所应有者为小。今先述黄河沿岸之情形。

黄河平均水面之宽度（泺口）约为三百公尺（最高水位除外）。于险工之处（顶溜之岸）有埽坝。而埽以秸料及土筑成，面亦平顺。坝则为碎石砌成，间亦有抛砖护岸者。普通地带，岸为沙壤，虽迂曲而整洁。底则为滚沙，故河道横切面之湿界，甚平滑。此为糙率较小之一因。

水中含沙较多，为糙率较小之第二因。方氏有言曰：“窃思含有黄壤之水，其性状与油相类，其摩擦系数较小于净水。”黄河含沙量最大，民国十八年陕县含沙量最大记录，以重量计至百分之二二·六二，其影响于糙率当非浅鲜。

如是，则自以上所得之结论，作设计河道之张本，或可无大误也。

八　黄河最大流量之试估[1]

　　民国二十二年黄河之大水，突破数十年之记录。于是黄河最大之可能流量，颇为关心河事者所乐研究之矣。盖我国对于黄河水位及流量向无确切之记载；自有科学记录以来，十余年间，相率以八千秒立方公尺为依据；即外来客卿专家之著述，亦多根据此数，以故皆视此为黄河流量之最高峰矣。民国十九年，作者研究各河之流量时，曾疑此数或犹过小。但尔时以黄河流域气候之干燥，与大土质之松软，且乏研究之依据，虽心焉疑之，卒无得而反证之也。

　　去年大水之后，曾至汴视察，陕州最大流量（八月九日）突以一万四千余秒立方公尺闻，实已超出以前之记录百分之八十，足证作者曩日所疑不误。此巨量之洪流，固为当时沿河五十余处漫决之主因，然果可据为黄河流量最大之记录乎？殆犹未也。

　　近阅安立森君《平汉黄河铁桥与洪水之关系》一文（《黄河水利月刊》第一卷第三期），果知陕州民国二十二年最大之流量，尚不止此数。盖以当时最高水位，适在中夜；流量观测，容有未周，故以水位高低估计之，去年最大之流量，当为二万三千秒立方公尺耳。方今正谋治河之时，一切设计，莫不以此为据，稍有错误，则挽救无及，故对于黄河最大流量之预测，不可不审慎研究。然恒以资料缺乏，所得结论，容或未尽合乎科学；要根据事实，勿尚空言，则研究所得，或较切实。作者本诸斯旨，撰为此文，聊供探索者之参考，谓曰"试估"者，实有待正于他日也。

　　黄河流量记录之最久者，当推华北水利委员会。兹就各站之最高水位及最大流量，分列如下：

[1] 本文于 1934 年 5 月（民国二十三年五月）著于南京。

一、陕州最高水位及最大流量表

年度（民国）	八年	九年	十年	十一年	十二年	十三年	十四年	十五年	十六年	十七年	十八年	十九年
最大流量（以秒立方公尺计）	6 940	4 320	6 080								5 940	
最高水位（以公尺计）	269. 0	294. 05	294. 95	294. 04	295. 18	292. 72	296. 02	294. 25	293. 54	292. 95	295. 34	293. 94

二、渌口最高水位及最大流量表

年度	八年	九年	十年	十一年	十二年	十三年	十四年	十五年	十六年	十七年	十八年
最大流量（以秒立方公尺计）	4 500	5 875	8 005								4 700
最高水位（以公尺计）	28. 71	27. 44	29. 38	27. 81	28. 49	27. 78	28. 50	28. 47	28. 28	28. 05	28. 54

民国二十二年黄河洪水以陕州而论，始于八月八日之猛涨，一日之间，流量自五千秒立方公尺增至一万五千秒立方公尺，九日续涨，至中夜已达二万三千秒立方公尺之数，水位已增至二九八·二三公尺矣。据安立森君之计算，九、十两日之水位及流量如下：

一、陕州八月九日水位及流量表

时间	九日二时	四时	六时	八时	十时	十二时	十四时	十六时	十八时	二十时	二十二时	二十四时
流量（以秒立方公尺计）	16 000	16 500	17 000	17 000	17 000	17 000	17 000	17 500	18 000	19 000	21 000	22 000
水位（以公尺计）	296. 70	296. 90	297. 06	297. 05	297. 05	297. 05	297. 07	297. 10	297. 15	297. 33	297. 80	298. 12

二、陕州八月十日水位及流量表

时间	十日二时	四时	六时	八时	十时
流量（以秒立方公尺计）	23 000	19 000	17 000	15 000	14 000
水位（以公尺计）	298. 23	298. 00	297. 57	296. 95	296. 60

　　其各支流之流量，以十日晨二时估计之，则北洛河为三〇〇秒立方公尺，泾河一万二千秒立方公尺，渭河四千秒立方公尺，汾河一千八百秒立方公尺，包头、潼关间二千三百秒立方公尺，包头以上二千二百秒立方公尺。

　　影响于流量大小之要素甚多，各水文书籍中类详论之，然欲作一合理之公式，或推测之方法，殆不可能。近虽有以某次雨量之密度（Intensity）与洪流之关系，而思得以解决问题者，亦卒无适当之效果。以之用于黄河，更不适宜；良以雨量记载，尚不足应用也。雨量与流量之关系，颇难确定，今以美国米亚米河为例以证之；该河在特顿（Daytou）城以上之流域为二千五百二十五方英里，兹将其前后八次之暴雨及流量，列表如下（Proceeding of Am. Soc. of C. E，May，1928）：

米亚米河前后八次之暴雨及流量表

时间	特顿城以上雨量之平均数（以时计）	流量（以时计）	流量当雨量之百分数
一九一三年三月二十三至二十七日	9.60	8.16	91.0
一九二四年三月二十八至二十九日	2.06	1.16	56.0
一九二四年六月八日	2.22	1.73	78.0
一九二五年九月十二至十三日	3.20	0.04	1.25
一九二五年十一月十二日	1.43	0.66	47.0
一九二五年十一月二十六至二十七日	1.29	0.20	15.6
一九二六年四月七至八日	1.23	0.84	68.0
一九二七年三月十至二十一日	3.44	2.31	67.0

　　试观各百分数之变化，若斯之大，几令人不可信；惟同一河流，尚且如是，更难推测他河之结果矣。

　　论者谓黄河自铜瓦厢改道之后，垂八十年，兰封堤未曾漫决，而民国二十二年竟分流故道，可知其为八十年来之最大水矣，是犹有未可信者。不知此八十年中，兰封以上曾决口数次，如清同治五年河溢胡家屯，七年又溢荥泽汛；复至清光绪十三年河决郑县，如无上游数次之漫决，孰敢必兰封之水位不较今年加高耶？况兰封以下河槽淤高，水位难以确切表示流量耶？论者又谓温县一带四十年来，未曾上水之老滩，去年竟以漫及，此或可证明为四十年中之最大水矣。然是又有待于考察者。黄河水溜是否受平汉路桥之影响？殊为问题。当修桥之时，凡有水流之处，则加大桥孔，有滩之地，则用较小者，今者孔小之处，反为水流横经之地，大桥孔间，则变为滩地矣。再则黄河河底，以夏日大水之冲刷，常较冬日低至二三公尺不等。若遇洪水骤至，不及刷深河槽，而致抬高水位亦或情事之可能（民国二十二年大水甚骤）；如此等情形不能明晰，亦不敢断其为四十年来之最大水也。

是故吾人欲研究黄河最大之流量，似不必讨论民国二十二年大水在洪水记录中之地位，尤不能依此而推测任何结论。且连年天灾人祸，纷至沓来，测量工作，屡事中断；益以测量设备不完，人事容有未周；又当洪流时期，适值青纱帐起，土匪猖獗，各站标尺，既非自记之仪器，所测最大流量，殊难凭信；且黄河水位曲线之变化，宛如奇峰突峙，其来也为势甚突，其去也为时甚暂，一二日间或数小时之顷，其最大洪流期即或滑然而过；此又测量中之困难问题也。然民国二十二年陕州之最大流量，尚可设法估计（二万三千秒立方公尺较该时之报告一万四千秒立方公尺者增加约十四分之九），至若过去者，将更以何法而较其精确乎？

如是则估计之法将何由得？兹拟参照世界各河之流量，及黄河之情形，比拟一数，以供参考。当民国十九年时，中国工程学会在沈阳举行第十五次年会，作者曾提出"水道横切面大小之讨论"（《工程季刊》第六卷二号），搜集流量公式凡三十九，而研究之，并参酌哲费斯（C. S. Jarvis）发表于美国土木工程学会会刊（Proceeding of Am. Soc. of C. E, Dec. 1924）之"洪流之特性"（Flood Flow Characteristics）一文中世界九百七十八河洪流之张本，比较而讨论之，因以拟定以下之三流量公式：

$$q = \frac{30\,600}{6.3 + M^{\frac{2}{3}}} + 6 \qquad\qquad (一)$$

$$q = \frac{5\,450}{2.\,1 + M^{\frac{2}{3}}} + 2.\,5 \qquad\qquad （二）$$

$$q = \frac{1\,555}{1.\,6 + M^{\frac{2}{3}}} + 0.\,5 \qquad\qquad （三）$$

其中 q 为每平方英里之最大流量，以秒呎计；M 为流域之面积，以平方英里计；则河流之洪水流量，为以上二数之积。第（一）公式应用于罕有之洪流量，第（二）公式应用最大之洪流量，第（三）公式应用于普通之洪水流量。迄今仍觉此三公式，尚无可变更之处，惟第（一）公式只可用于多雨地带耳。

今以黄河流域为二十八万方英里计（黄河水利委员会估计流域面积为七十二万六千方公里，后经修正为七十五万六千方公里）。代入第（三）式，则 q 为〇·八六二秒呎，洪流为二十四万秒呎，亦即为六千八百公秒尺也。若代入第（二）式则 q 为三·七七秒呎，洪流为一百零五万秒尺，亦即三万秒立方公尺也。

试比较第（三）式之结果，与以前数年之每年洪水记录颇相近，第（二）式所得之三万秒立方公尺，即作者所估之最大流量也。今更就黄河及支流之流量与自（二）、（三）两式之计算，表列于后，即可证明所推论之数，相差不远也。

黄河及各支流洪流比较表

名称	面积		第（三）式之洪流			第（二）式之洪流			民国廿二年洪流秒立方公尺	备注
	方公里	方英里	q	秒尺	秒立方公尺	q	秒尺	秒立方公尺		
黄河	726 384	280 000	0.863	241 500	6 800	3.77	105 5000	30 000		＊为安立森君估计，括号内者为张庭水君利估计，载光第六卷四期
包头以上各流	377 360	145 300	1.062	154 500	4 380	4.47	650 000	18 400	＊2 200	
山陕间各流	138 288	53 250	1.599	85 200	2 410	6.35	338 000	9 600	＊2 300	

续黄河及各支流洪流比较表

名称	面积		第（三）式之洪流			第（二）式之洪流			民国廿二年洪流	备注
	方公里	方英里	q	秒尺	秒立方公尺	q	秒尺	秒立方公尺	秒立方公尺	
汾	38 560	14 850	3.07	45 600	1 290	2.52	171 000	4 850	*1 800 (6 000)	黄河水利委员会第二次估计修正黄河流域面积为 756 684 方公里，各支流面积亦与此表略异附带注明
涑	11 872	4 570	6.10	27 900	790	22.10	101 000	2 860		
汜	1 552	598	21.90	13 100	370	77.10	46 200	1 310		
洛	12 768	4 920	5.84	28 700	810	21.13	104 000	2 950		
伊	6 240	2 405	9.10	22 000	620	32.50	78 200	2 210		
瀍	912	352	30.80	10 840	307	107.5	37 800	1 070		
	5 120	1 970	10.30	20 400	580	36.80	72 500	2 050		
沁	12 080	4 650	6.07	28 200	800	21.44	100 000	2 800		
渭	121 632	46 850	1.69	79 300	2 240	6.68	313 000	8 600		
咸阳以西之渭	52 416	20 200	2.60	52 500	1 500	9.85	199 000	5 650	*4 000 (6 000)	
沮	6 432	2 480	8.90	22 100	620	32.00	79 300	2 240		
泾	37 888	14 600	3.19	46 600	1 320	11.56	169 000	4 790	*12 000 (11 250)	
北洛	24 896	9 600	3.95	37 900	1 070	14.52	139 500	3 950	*300 (2 385)	

　　据安立森君之估计，民国二十二年之大水，主要者来自泾渭二河。试就张光庭君所述各支流之流量，与自（二）式所得之数字相比较，颇为符合，惟泾水稍高耳！所尤应注意者，陕州水文站位于沁洛诸水之上，是则郑州之流量当更较大也。惟以黄河流域之广，急风暴雨，只能影响于一二支流之洪量，如民国二十二年之泾渭，断难同时各支流尽受暴风雨之影响也。然试考安立森君之叙述，除泾渭外，其他各河流量似皆小于普通洪流，故民国二十二年之大水，不得认为黄河之最大流量也。是以拟定三万秒立方公尺，不无理由。

今更与世界各大河之洪流作一比较列下（节录哲费斯张本）❶：

河名	流域面积（以方英里计）	流量（以每方英里秒呎计）	最大洪流之估计		备注
			常有者	罕有者	
塞因河 Seine R. （法国巴黎）	16 859	5.24（1910 年 1 月）			
浦河 Po R. （意国 Ponte Lagosinro）	27 027	9.10			
淮河	51 000	5.00			按龟山以上之流域为 146 000 方公里最大流量为 15 000 秒立方公尺则 q 合 9.2 秒呎
伊洛瓦底江 Irrawaddy R.（缅甸）	149 800	12.9			
米西西比河 Mississippi R.（美国，Grafion，Ⅲ）	171 570	2.10（1883 年）			
可仑拉都河 Colorado R. （美国，Gna Junction，Ariz.）	225 000	1.05（1916 年 1 月）	0.5	1.5	
欧海欧河 Ohio R. （美国，Cairo，Ⅲ）	233 000	6.0（1913 年 3 月）	3.6	6.0	
哥伦比亚河 Columbia R.（美国，Dalles，Ore.）	237 000	5.87（1894 年 6 月）	3	5.8	
那哥拉河 Niagara R. （美国，Niagara N. Y.）	263 440	1.13	0.3	1.1	
圣老仑河 St. Lawrence （美国，Ogdensburg，N. Y.）	298 080	1.07	0.3	1.07	
黄河	*323 462	1.64（1881 年）			*哲费斯所估之数

❶ 本表中部分河流今译名如下：赛因河，今译塞纳河；浦河，今译波河；米西西比河，今译密西西比河；欧海欧河，今译俄亥俄河；那哥拉河，今译尼亚加拉河；圣老仑河，今译圣劳伦斯河；米苏里河，今译密苏里河。

续上表

河名	流域面积（以方英里计）	流量（以每方英里秒呎计）	最大洪流之估计		备注
			常有者	罕有者	
米苏里河 Missouri R. （美国，Sioux City，Iowa）	305 000	1.0			
恒河 Ganges R. （印度）	367 970	4.9			
米苏里河 Missouri R. （美国，St. Charles Mo.）	830 810	1.13			
米西西比河 Mississippi R. （美国，St. louris，Mo.）	702 380	1.28（1883 年）			
米西西比河 Mississippi R. （美国，Cairo，Ⅲ.）	902 900	2.23（1912 年）	1.3		
扬子江	1 100 000	2.73			按民国二十年大水亦适为2.73
尼罗河 Nile （埃及，Assuan）	1 300 000	0.35			
米西西比河 Mississippi R. （美国，Cirrollton，La）	1 400 000	1.07（1929 年 5 月）	0.7		
黄河	280 000		0.862	3.77	此数为作者估计数

　　各河流域之情形不同，即以面积在二十万及三十万平方英里间者论，q 之变化自一以至于六。估计之黄河数，亦适在其中。此固不足证明其数之确实，但可证其必合乎理也。

　　如是，设于黄河各支流之适当地点，建以谷闸，以延长洪流时间，复因黄河洪流为时甚暂，必可奏蓄水防洪之效。如此则下游之最大流量必可减低，但非可论于今日也。

　　由上所述，对于黄河流量之估计，可得结论如下：

　　（一）最大流量为三万秒立方公尺；

　　（二）每年常有之洪流为六千八百秒立方公尺。

九　民国二十三年
黄河水文之研究❶

　　吾人对于黄河求治之心甚切，故对于资料之搜集亦甚力。民国二十二年大水以前，黄河水文记载，极为幼稚，仅陕县及泺口各设水文站一处，其记载亦且屡作屡辍，故对黄河之认识，甚觉肤浅。作者虽亦曾于此等残缺张本，加以整理，作为归纳，惟只示吾人知识之所至，以作治导之一助耳。民国二十二年秋，黄河水利委员会成立后，第一步之工作，即致力于水文及河道之测量，于是次第成立水文站十有五处，水标站六处，上自兰州，下讫利津，分布亦颇适宜。民国二十四年又拟增设水文站八处，数年之后，治河之依据，将由是而定矣。然记载贵持久，统计贵周详，今只有一年之成绩，自不足恃；惟此项测量之方法，颇称精密，水文站之分布，亦较普遍，以其所得，校核以前研究之结果，尚不无微补也。爰将研究之所得，分述于后：

一、流量

　　民国二十三年各处之水文站，系陆续设立者，自一月至七月始筹设完备，故七月以后之记载，颇为周密，本年洪水皆在八、九、十三个月中，如以防洪为目标，此三月中之记载，已足供研究之用。

　　潼关于八月十日暴涨，而长垣一带决口，是以对于下游水文，稍有影响，其后忽涨忽落，至十月中旬，又行暴涨，此八、九、十月三个月之流量情形，今先就各月份之平均流量言之，列表如下：

---

❶ 本文于 1935 年 5 月（民国二十四年五月）著于开封。

黄河八、九、十月三个月平均流量记载表

站名	三个月平均流量 （以秒立方公尺计）	较上站增减 （以秒立方公尺计）	附注
兰州	3 323.4		
包头	1 863.2	减 1 460.2	
龙门	2 665.7	增 802.5	
潼关	3 038.0	增 372.3	
陕县	3 179.7	增 141.7	
秦厂	3 686.3	增 506.6	秦厂在平汉铁桥上游
高村	3 220.3	减 466.0	决口适在高村之上游
陶城埠	3 430.7	增 210.4	
泺口	4 173.5	增 742.8	
利津	3 660.5	减 513.0	利津十一及十二两月 流量则较上游稍高

　　包头之平均流量，所以低于兰州者，是盖由于宁夏、绥远灌溉用水之故，且地势平坦，或可平缓夏日之高水，以济冬日之低水也。但因缺乏全年总流量之记载，不克比较，则此项推测，尚有待于研究。

　　仅就民国二十三年而论，包头、龙门间之山陕支流，增加洪水量甚多。龙门至潼关，包含汾、泾、渭、北洛各流，所增之数，尚不及龙门以上者之半，洛、沁诸河则增加五百秒立方公尺。

　　利津之记载，较泺口为低，似稍有可疑，在十一月及十二月间之流量，反较泺口者为高，亦无以为解，姑以存疑而已。

　　今更就全年总流量言之，在潼关者为四百七十亿零九百七十二万八千立方公尺，陕县者为四百四十三亿零六百七十三万八千立方公尺，秦厂者为五百零二亿七千五百四十六万四千立方公尺，泺口者为五百六十亿五千零五十七万六千立方公尺。潼关所测之数虽稍高，然大体尚可。如此陕县全年平均流量为一四〇五秒立方公尺，泺口者为

一七七七秒立方公尺。民国二十三年洪水虽不及民国二十二年，然已属可观，较作者以陕县四年之平均流量为一二三六秒立方公尺者，及泺口三年之平均流量为一四七五秒立方公尺者，约增百分之十一至百分之十二。

至于各站涨水，其影响下游之情形，亦可以陕县为准而讨论之，陕县八月十日之涨水，决非因包头以上之来水使然，盖以包头水文站之流量记录，于八月十日起，始自约一千六百秒立方公尺逐渐增高也。龙门八月九日下午三时，最大流量为九千四百秒立方公尺，潼关八月十日上午三时为一万四千六百秒立方公尺，陕县八月十日下午一时为一万一千三百六十秒立方公尺。可见，此次大水其来源为山陕交界诸支流与泾、渭、北洛各水也。因此，次洪水峰为期较短，故至陕州已有停蓄之余地，以是最大流量较潼关为准。其来自龙门者，为百分之六三·四，来自龙门与潼关之间者为百分之三六·六。

试复就陕县言之，假定此处以下之河槽不使超过八千秒立方公尺之流量，以民国二十三年论，其上必有一亿八千五百万立方公尺之蓄水能力始可（中华民国二十三年陕县八月十日左右流量在八千秒立方公尺以上之总流量为此数）。又以民国二十二年大水论之，则其上必有十七亿一千九百万立方公尺之蓄水能力始可（八月八日至十二日在流量八千秒立方公尺以上之总流量。至八月十九及二十日间，水又突涨，其在流量八千秒立方公尺以上之总流量为七千零九十万立方公尺不在此内）。

所不幸者，民国二十二年及民国二十三年两年迭次溃决，以致不能测得豫省宽堤距之拦洪量，殊为憾事。盖陕县以上既无蓄水之设备，以资拦束暴洪，则惟有赖下游广阔之河身，以为约制。平汉桥以下至冀省之高村间，长约一百七十公里，堤距平均以二十公里计，则其间之面积为二千零四十方公里。换言之，即二十亿零四千万平方公尺。若能普通增高一公尺，则其容积已有可观（以堤顶有降坡，故为时极暂），是故如能将沿河堤高，作有规律之增加，亦可为拦洪之用。其费用或较上游造蓄水库为省，然两岸之滩，经一次漫流，必淤高一次，而堤顶亦必随之而增，似仍非根本之图。凡此种种皆有待于资料之补充，方可作肯定之论也。

二、输沙量及含沙量

各水文站对于含沙量之测验，平均每日一次，含沙量之单位，以流量重量之百分数计，更以此百分数，按其相当比例，变为输沙量，以每秒立方公尺计（在不同之百分数，由重量变作体积之数字亦不同）。总计每月流经各站之泥沙数量，列表如下：

民国二十三年黄河各水文站每月输沙量（立方公尺）统计表

水文站所在地	包头	龙门	潼关	陕县	秦厂	高村	陶城埠	泺口	利津
一月			4105987	2241821	2303424			1133568	
二月			4330368	3512678	3829594			8714304	
三月			8865504	9669024	8420890			5174496	
四月			6860160	16899840	16010748			20044800	
五月			15490656	15980544	15713568	12052800	14904000	13996800	
六月			29328480	28684800	23664960	26784000	19612800	32832000	
七月	10333440	113356800	187360000	138931200	112320000	83332800	91670400	84456000	67132800
八月	46958400	480902400	456840000	710380160	695520000	338688000	411264000	413856000	374457600
九月	50276160	114393600	111456000	163468800	219024000	182174400	175132800	258768000	197337600
十月	44668800	63763200	98496000	277862400	282700800	171590400	163209600	205804800	186912800
十一月		23155200	19274112	64627200	63590400	46051200	54844000	55123200	68817600
十二月		1941400	7114176	19683648	17543520	7041600	7948800	10348344	13219200

其有全年之纪录者，则为潼关、陕县、秦厂及泺口四处。余则七月以后，始称完备。按在一、二、三、四、五、六、十一及十二等月，各站之输沙量，颇有规律。例如五月份潼关以下各站之输沙量，在一千二百万立方公尺及一千六百万立方公尺之间，六月份则在一千九百六十万立方公尺及三千二百八十余万立方公尺之间，换言之，每站之输沙量颇为平衡，而特别冲淀之情形较小也。然输沙之大部则在七月至十月间，今更列表详论之。

站名	包头	龙门	潼关	陕县	秦厂	高村	陶城埠	泺口	利津
全年输沙量（以立方公尺计）			949581443	1451942115	1460641904			1110252312	
七、八、九、十四个月输沙量（以立方公尺计）	152236800	772416000	854152000	1290642560	1309564300	775785600	841276800	962884800	825840800
四个月间与上站输沙量之差数（以立方公尺计）		+620179200	+81736000	+436490560	+18921740	-533778700	+65491200	+121608000	-137044000

　　由上表言之，可知四个月中之输沙总量，约占全年百分之九十。惟潼关之记载，似稍有可疑之点，因陕县与秦厂颇可校对。龙门、潼关间，有泾渭及北洛之输入，其增加必不仅八千一百七十余万立方公尺；而潼关与陕县间，亦或不至增加四万三千六百四十余万立方公尺。总之，潼关测验之数，似嫌太低，此或由于该站河槽之不整所致也。

　　河流挟带泥沙，常有短距离与长距离之别：短距离者，其上段弯部之冲刷，即沉淀于其下段也；长距离者，乃作长距离之运输。故泥沙之运输，恒随其所遇情形之不同而为冲刷与沉淀。输沙量只有表示经过该站之泥沙量，不能表现其冲淀之情形也。今举数点于后，吾人应注意之：

　　（一）包头以上之输沙量颇少，仅约及陕县者百分之十二。

　　（二）包头、龙门间，有巨量之泥沙增加，约为陕县者百分之四十八。

　　（三）龙门、陕县间亦有巨量之泥沙增加，约为陕县者百分之四十。

　　（四）陕县及秦厂极平稳。

　　（五）秦厂及高村间之淤淀几减陕县全量百分之四十。

　　（六）高村、利津间之输沙量，又稍增加，利津与陕县较，约当百分之六十四。

　　于此可见大部分之泥沙来自山西与陕西。至于上游之冲刷，是否沉淀于宁夏、绥远之间，尚待考察。惟沙粒之粗细，各支流输沙量成分之多寡及与流量之关系，均有待于继续研究也。

民国二十三年最高之洪水，虽远不如民国二十二年，然为期较长，往年九月底则水落，民国二十三年十月中旬，水又暴涨。故输沙之总量亦随之而增，是以较作者前所估计输沙总量（见《黄河之冲积》）超出颇多。全年输沙总量在陕县者竟当所估者二·六八倍（五亿四千二百五十七万七千与十四亿五千一百八十五万二千一百一十五之比）。在泺口者当所估者三·二六倍（三亿四千万零二万一千与十一亿一千万零二十五万二千三百一十二）。此点之差错颇大，兹申论之。

就民国二十三年论，陕县全年平均含沙量以重量计，为百分之二·八〇四，泺口全年为百分之一·八六四，以之较作者以前之估计，陕县为百分之二·〇二及泺口为百分之一·〇六者，则陕县约增百分之三十九，而泺口约增百分之七十六。陕县、泺口之全年平均流量仅增百分之十一至百分之十二。合而计之，陕县民国二十三年之全年输沙总量似应超过以前估计者百分之五十四，泺口亦应超过百分之九十七，较之二·六八倍及三·二六倍相差甚远，其原因似亦有两点：（一）计算全年平均含沙量，不应只求历次测验之平均数，兼必注意其每次测量之重要性，换言之，不应视每次测验数为等分量也。（二）泥沙重量及体积之比例数，极难规定，据黄河水利委员会试验之结果，因含沙百分数而不同。故于由重量变体积时所用之换变数不同，而结果亦异。

三、糙率

河槽之冲刷无定，而水位之涨落不一，故河道横切面之变化亦逐日不同，如是则黄河之糙率（n），亦难得确切之数目，作者前曾得结论如次：

流量在一〇〇〇秒立方公尺以上之糙率（n）为〇·〇一三五，流量在一〇〇〇秒立方公尺以下之糙率（n）为〇·〇二二〇。

糙率（n）之总平均数为：〇·〇一七五（见《黄河之糙率》）。

今据民国二十二年测算之结果，亦极庞杂。以陕县论，糙率曲线则起伏于〇·〇一及〇·〇二之间，仅有数点在〇·〇二之上。而在秦厂之切面，不如在陕县者较为固定，故其变化亦大，五月以前，则升降于〇·〇一及〇·〇二之间，六、七、八三个月在〇·〇一及〇·〇三之间，九、十、十一、十二四个月则在〇·〇〇五及〇·〇二之间，极不一律，高村除冬季外，亦在〇·〇一及〇·〇二之间。陶城埠五、六月时在〇·〇一及〇·〇二之间，七、八、九、十、十一等月则在〇·〇一上下，十二月突增至〇·〇二以上，此或由于冰凌所致。泺口除一、二及十二月较高，在〇·〇三与〇·〇六之间外，余多在〇·〇二二上下。由此观之，黄河之糙率，颇难一定。冬日受冰块之影响，姑勿论矣；而在其他时季之情况，简言之，又归纳如次：（一）陕县之糙率在〇·〇一及〇·〇二之间；（二）高村亦如之；（三）陶城埠则较陕县者为低，除低水时在〇·〇一至〇·〇二之间外，余皆在〇·〇一上下；（四）泺口者则较高，皆在〇·〇二二左右。除此吾人实难得更精确之结论矣，然与以前所估计之总平均数为〇·〇一七五者颇合。要之欲作设计依据，必缜密考核，方可减少错误，切近事实也。

十　黄河河口之整理及其在工程上、经济上之重要[1]

　　黄河河口之重要，前屡著文论之。然时有以疑难相质者，故复申而论之，以竟吾辞。河口整理之方法，因其环境之不同，则所期得之效果亦异。又因时间空间之不同，断难以一言而律永久，更难凭臆测以作结论。故非详察该处形势，统筹全河利害不可。

　　古之论治黄河河口者，其主张亦多不一。例如明时（河自云梯关入海）郑岳则谓：今不务海口之沙，乃于沛、徐、吕、梁之地形高处，日筑堤岸，以防水势，桃源、宿迁而下，听其所之，则水安得不大，而民之为鱼，未有已时也。万恭则谓：海淤之说不可信。潘季驯则谓海无可浚之理，如：水以海为壑，向因海壅河高，以致决堤四溢。谈河患者咎海口而以浚海为上策，窃谓海无可浚之理，惟当导河以归之海，则以水治水，即浚海之策。夫下游不畅，则上游易决，此不易之理也。无论海口之宜否疏浚，前人以之所以示我，为或可不必浚，然以水治水可也。

　　德国水利专家方修斯之黄河治导计划书中有云：为将来航行起见，则黄河入海口之修治，诚属重要，而但为治导下游，排除洪水患害计，则非必要之事也。方氏曾云：依理论而言，海口当首先修治，盖凡河流治，导必先自海口始，以渐次推展向上。然又以法之塞因、英之克莱得两河为例，则谓治海口之于治河，不尽有关也。又谓：但以情势规度，若三角洲暂时不治，大抵须增高其现有之堤，因上段一加治导，此处之洪水位，须增加也。又云：黄河入海之口当施一定之治导，无可疑问，但其目的则专在求水势之改良，候国库充裕，开封及海口间危险河段保安以后，再为之未晚也。

---

[1] 本文于 1933 年 3 月（民国二十二年三月）著于天津。

方氏以时局之故，未能亲历黄河，及睹三角洲之实状，故其言有夫能适合者。利津宁海村以下百余里，并无所谓堤防，即初步之治理尚未着手。吾之所谓整理河口，正所以裕国库，谋生产，筹基金，备专款。然后上游之治理方可进行，不至于中断也。

查自清咸丰五年河决铜瓦厢，改由今口入海以来，垂八十年。淤出滩地每二年半约可增出一公里，按三角洲宽约六十五公里，合计约为三百七十万亩（按：淤出之地尚无一定数目，有者称四百万亩，有者称二百万亩，上数系由估计而来，故暂以该数为准）。海滨一带，因毫无整理，鱼盐之利，已无昔日之富矣。

黄河至利津以东，则无正式河道，今年北流，明年则东南，纵横其间，如入无人之境。利津至海口尚有百二十里，河务局之职权及堤防只至利津东之宁海村，再东则无人知其情状者矣。后经遍访地方人士，始得一熟悉河道之船夫，问之，则云已有二年未至海口，大概河现行南道，即由宁海东南流也。该地情形之隔离于人世者如是，前拟乘船下行亲自视察，据称下行须二日，回程则恐非三四日不可，又以该地之治安不敢保险，以致未得深入，为可惜也。

今更略述新淤荒地之情形。土壤极为肥沃，其出产多为麦豆及花生，每年种一次，实干并茂。惟以人烟稀少，故未能尽其利。已垦之田，多在滨、蒲、利、沾等县之境界，亦有升科者，其东则多为未垦荒地。未升科者，则由人民承租，证书有两种：一为承垦证书，定二年、三年或五年为试期，每亩纳国帑二角五分；二为所有证书，即承垦试期满后，于特定期间内换此证书，以凭永久营业，并令每亩纳地价一元五角，垦丈费二角，证书二元等费以完手续。沾化之马场租地，分为三等：一等每亩一元二角，二等每亩一元，三等每亩八角（前见报载"山东省府决定改变马场租田方法"，未见全文，姑用此数）。阅者必以为此等荒地已逐渐辟矣，而国家之收入亦必有可观也。孰知不然！山东省垦丈收入预算年只万余元（今年实收较此数为多，特注）。以此三百余万亩之淤地，整理得法，即以每亩收租一元计，已有三百余万之数。若再设备适宜，生产可增，则每亩增至一元五角，则每年可有五百万之收入，较今日之预算，其差为如何耶？其有裨国计民生又如何耶？

论者谓：河口既有此宝藏，奈何人不注意，且在人烟稠密之山东，而至今尚未开发耶？曰：此正所以可惊也！人民甘愿走关东，以舍近就远。德、临一带之无恒产者，常于收获之季，荷锄未而往，工毕仍返老家，一若有洪水猛兽之不可久居者，其焦点果安在乎？吾重思之，得其要点六。凡各问题皆非难解决者，要在政府稍为努力，人民即如平旦之望光明，皆趋附之，事半而功倍也。

（一）治安之不能维持也：各地不安，已成我国普遍之现象，非独此三角洲为然。以其荒凉，不肖之徒，作为逋逃薮。愈集愈多，已不堪问。要知人民稀少，与匪患乃互为因果，人民稀少则剿击亦难。例如鲁西一带，号称多匪，近数年已绝迹，固由于省府之督剿，亦借助人民之自卫。若人民自卫团体办理完善，则匪患可免，而生产亦日益兴。广东三角洲占全省富源四分之三，每年可出保安费七百万元。可知有匪患不能认为阻止垦殖之有力理由。

（二）黄河之漫溢也：河口情形，已如前述。洪水之时，三角洲上漫溢为灾，故人民耕种咸感不稳定。人或将谓此问题必为难解决者矣，盖以黄河号称难治，数千年来，皆无适当办法，此漫溢祸患之免除，谈何易耶？不知此可论之全河，非可言于今日之河口也。盖自利津以下尚未实施治理，非不能也，即最小限度之堤防，尚未修筑，而即以河口为难治，非滑稽乎？故为今日计，第一步，即为固定该段河槽，则漫溢之患可免，换言之，先修堤以防之耳。利津已有河尾堤工委员会之组织，办理堤工事宜，惟经费不裕，是以尚无效果。政府若不注意，人民以利害关系，迟早必将使之实现。然河道方向之适宜否，河身宽度之合理否，应即日规划，免后日之纠葛。尤有进者，对于此事，政府决不可专靠人民之修筑，必自动进行，河口方有整理之希望也。

（三）交通不便利也：海口一带平原，汽车路之建筑，自非难事，而长途电话，鲁省之成绩亦甚著，且所费至省。下洼（淤滩上之港口）距沾化十五里，距沧县一百五十里，至天津五百里耳。其他码头如埕子口、陡头崖等是。故此项工程，费用不多。

（四）无淡水供饮料也：关于此点，因对土层尚无确切张本，不知有甜水层否，可先试钻探，即不可时，尚可引河水暂为应用也。

（五）经营之不得法也：现在各机关多注重其收入，非独此淤地垦丈机关为然也。以年代已久，积习难除，多系不丈而放，故屡以舍瘠就肥，重复压盖，领少种多等争执相诉讼。而各地之四至不明，多寡之数目未悉，皆由未丈量之故也。

（六）土豪之把持也：以前种种困难，皆由此而生，其罪恶实大。彼以经济势力，出少数金钱，领多数地亩，并提高租价，转租人民。凡有争执，彼必能以其独有之能力，得最后之胜利。彼等对于一切皆有优先权。久居地方，情形熟悉，而政府所派之经管职员则时常调换，诸事尚有须请教于彼等者，其气焰更烈。对外则作反宣传，谓土地之如何贫瘠也，河患之如何可畏也，生产之如何低劣也，土匪之如何横行也。若政府遣派委员调查时，彼等更利用此等手段包围。以致此大好富源，竟无人知之，其计已售，而可永保斯土，为害之烈，不更胜于洪水猛兽耶？

河口之大概情形，已如上述，整理之法，可分为政治的与工程的两种。其关于政治者为改革管理组织，与协同地方剿匪而已。其关于工程者，又可分为范围较大与较小者两种。然须工程与经济兼顾，则可先按小范围计划进行，迨至淤田之生产日增，即可逐渐发展也。

据河尾堤工委员会计算，堤工只需五万元，但太低薄。既立堤防，必须防其漫溢溃决，如此则非一百五十万元不可，至于其他设施，若道路、电话、临时码头、垦殖银行等，约需二百万元（注意：银行之款，并非开支，惟因其为开办费，故列入）。以三百五十万元之开办费，三五年后，每年即可有五百万元之收入，其生产日增，若能逐渐追及广东三角洲，有裨国计民生，不亦伟哉？谓余不信，河口非遥，派专家详加查勘，深入其境，所费又值几何？我国谋国库之增收者，多事加税，鲜及生产，即有言生产者，亦多喜谈空论。例如新疆如何富庶，西藏如何开发，诚然其必要矣，国人应知所努力矣；然目前之地，尚未能尽其利，短期内即可有成效者，辄弃之不顾，实属所不可解者。

若此工程完竣，在地方则可振兴实业，增加富源，然事关治河，似应统筹办理。一切开办费用，宜由中央治黄经费项下拨支；其后每年之收入，除一部分为发展地方者外，概作治河经费。若系治标计划，每年除各省仍按照原有河工经费开支外，增此数目，则决口漫溢之患必可免。若为治本之图，则以河口收入作抵，发公债或借款皆属易举。故吾谓治理河口，即所以筹治河之经费。谓河口治，全河得治亦无不可也。

至以黄河作航道，在海运未开以前多仰赖之，近数十年来，虽帆船云集，已大非昔比，更无论于进展也。黄河善淤，故河槽之改亦速，于施行渠工之前，自难望大轮之进口。然山东一段，河道不宽，昔日曾有天来公司测探一次，直至冀境，并已呈准省府，后以故未果。后友人李君曾拟特造适于黄河之轮船，呈请未蒙采纳。然若河口稍加整理，使河槽固定，再修临时码头，则往来于天津、烟台之贸易，必有可观。然登高自卑，行远自迩，必先有此小规模之设备作为基础，而后方可逐渐扩展，作为发展黄河航运之基础也。

漫流则沙停，沙停则垫高，棘子刘之决口，即因尾闾不畅积水所致。一道淤高，则改行他道，其流之迂回，概可想也。若能筑堤以固河槽，则可收束水攻沙之效。虽河口逐年前进，费用亦加，然因新淤之开发，利余足以补之。如是则流畅，而漫溢溃决之患亦可减。

至于黄河海港之地点，河口附近，似亦非宜，应如何设置，容再研究。

论者或将谓此工程未免简陋，规模狭小也。然就此小小做起，已有如许好处，愈见此工程之必须与重要也。故吾谓无论就工程上或经济上着想，皆应提前整理黄河口也。

文中有述及数字之处，其计算概行从略，附白。

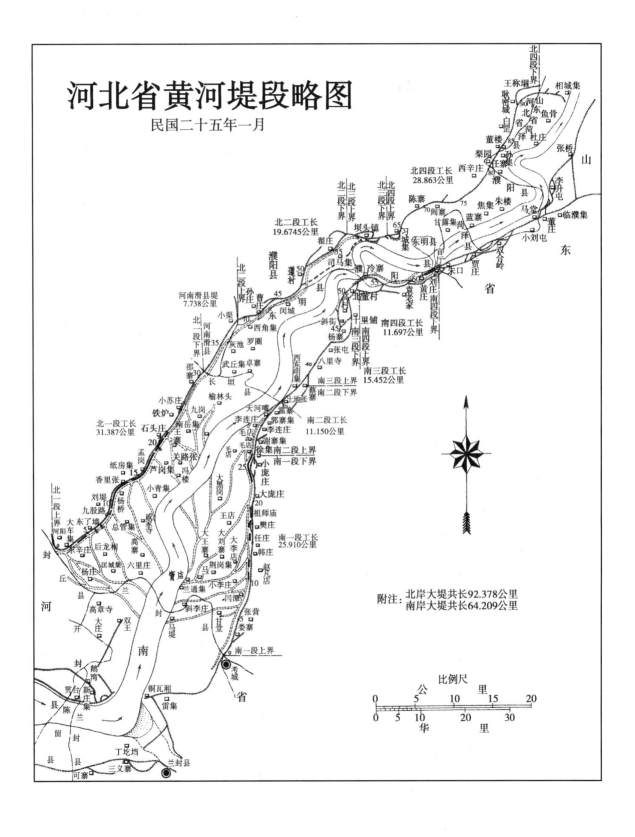

河北省黄河堤段略图

民国二十五年一月

附注：北岸大堤共长92.378公里
南岸大堤共长64.209公里

比例尺

十一　杜串沟说[1]

　　黄河在河北境内，南北两岸防守地段，共长一百五十公里。二十年来，险工仅有二处，即南岸之刘庄，北岸之老大坝也。他处则河身堤距较远，无大溜顶冲之患。然近年冀省漫决频仍，险象丛生者，其故果安在乎？一考究竟，则知其结核之所在，又与豫鲁二省不同也。豫省兰封而下，直至鲁省菏泽大堤之间，黄河歧为三股状，如"川"字。一为大河本身，蜿蜒于两堤之中，此正溜也。一为顺南堤之串沟，自阎谭以至霍寨始入正河，长凡三十余公里，其下又有串沟，忽断忽续以至刘庄。一为顺北堤之串沟，上起大车集，下迄老大坝，长六十公里。此二串沟，宛如泄水之副道，以补正河容量之不足者。正河与此顺堤串沟之间，则又有横列串沟，以连通之，形如叶之网络。其大者，若北岸起自豫省封丘之贯台者，注于冀界之大车集。以次而下若双王，若东沙窝，若吴寨，若大张寨，若郑寨，若五间屋等处莫不有串沟，直冲北大堤之东了墙、九股路、香里张、孟冈、石头庄、小苏庄各地。又若南岸起自兰通集者，注于阎潭下。此为其主要者，以次而下，则又有串沟直冲南大堤之小李庄、韩庄、樊庄、大庞庄、小庞庄等地。每遇洪涨，正河不能容纳，则由横串沟分泄而下，直注大堤，势如建瓴，凡遭顶冲直射之处，辄成险工，每致成灾。近例若民国二十二年及民国二十三年之迭次决口，皆由此所致。是故两堤虽不临河，而处处皆受顶冲之患，必有护岸工作，大汛期间始免生险也。

　　豫鲁两省皆无串沟之患，何以冀省独有？其原因亦殊堪研究。盖正河汛涨漫滩之时，辄先及近河之滩唇，水既漫滩，溜势骤缓，泥沙即淀。积时既久，滩唇垫高，渐外则渐低，及近堤脚则愈注下。此黄

---

[1] 本文于 1936 年 1 月（民国二十五年元月）著于开封平庐。

河之特殊现象，他河所无也。故常有滩唇高与堤顶平者，一考黄河地形图，即不难证明。以此之故，每致漫滩，以滩有降坡，则水趋堤而流，水既成溜，则生冲刷，而串沟以成，此黄河之普遍现象，亦串沟造成之主要原因，而冀省串沟之成，亦多由是，此外尚有其他原因。

自清咸丰五年（公元一八五五年）铜瓦厢决口而后，兰封而下，河槽骤降。故豫省流畅，槽亦刷深，漫滩之时少。且两岸多有土坝甚长，虽有微溜，因土坝之间阻，不致为患。鲁省则民埝之间，距离较近，横串沟既难冲溜成势，故为患亦轻。独兰封以下，地势平衍。改道之初，任水漫流，而无正轨。故自封丘、祥符漫注兰仪、考城、长垣等县，复分三股东流，如能及早施以引导，或着手堵塞，必不致河槽纵横，如是紊乱。乃当时军事未定，南北之议相争，历二十年之久，始决定使就北道。至清光绪元年（公元一八七五年）贾庄大工合龙之后，始引筑堤导溜，注大清河以入海。在此二十年间，贾庄（菏泽境）以上之河道，必极紊乱，可敢断言。此为冀省串沟造成之又一因。

又考长垣、东明、濮阳、菏泽、濮县一带，故河之遗迹极多。若濮河之自封丘流经长垣县北，又东经东明县南，又东经濮阳县东南以入濮县界者，其一也。瀍河自东明县南，折而东北入菏泽界者，其二也。漆河在东明县北门外，东合于濮水者，其三也。浮水故渎（一说即澶水）在观城县南，自濮阳流入者，其四也。古济水北支在东明、长垣二县，南流入菏泽，南支自仪封流入曹县定陶者，其五也。瓠子故渎，自濮阳县南流入濮县南者，其六也。魏水自濮阳流入濮县南者，其七也。洪河自东明县流入濮县南者，其八也。小流河自菏泽县流入濮县东南者，其九也。赵王河自考城流经东明入菏泽者，其十也。此等河道，或塞或通，或湮或存，一遇大水，必各尽其量之能容，分流下泄，而河槽益乱，串沟横流之势又以构成。

如人事方面能早设法补救，或不致遗患今日。乃冀省则以河在边陲，未能兼顾，初仅由人民修筑民埝，自行防守。至逊清光宣间乃以直隶大顺广兵备道兼管水利河道事宜。南岸于清末始设东河同知驻东明之高村。民国二年改设工巡长一员。北岸则至民国七年始改归官民共守，设北岸河务局及河防营。民国八年始组织直隶黄河河务局，仍以大名道兼任局长。至是冀省河政，乃告统一。嗣后又设局长，专任其事，惟以经费支绌，未能大事整理。故初则以组织不完，仅藉民力防守，失之于前。继则以财力不充，未能充分治导。误之于后，遂贻有今日之祸。

串沟成因之复杂既如彼，而情势之严重又如此，施以治理堵截，诚为刻不容缓之举。堵治之法，可分二种：一使顺堤之串沟远离堤身，免致堤身处处靠险；一则速堵横串沟，使正河之水，勿再旁泄。

顺堤串沟多切靠堤脚，换言之即堤身外处靠水也。防护之法，惟有使串沟远离堤脚，以滩为堤之前护，保障自固。临河方面之沿堤滩地，可种植芦苇，藉以挡溜固滩，兼可落淤。盖芦苇根深叶密，不畏水浸。如能于临河堤脚之外，密密种植，溜来则被阻势减，而泥沙自停落。串沟之溜虽猛，比之大河则远逊，故芦苇护滩，足能抵御。冀省南岸第一段间有之，已著成效，大可推行。不仅费省，且可生利，发展自无困难。再则筑坝挑水，若能隔相当距离，修筑上坝，并加护沿。其长度视串沟之情形而定。若串沟紧靠堤身，则应筑坝及沟之半或三分之一。若全行横截，则恐阻水下流，必致壅遏，仍使旁泄，或将危及堤身，故可分期挑之。水遇坝而外移，逐移逐接。三四年后，则沟可出堤二百公尺，而滩固矣。此法豫省已采用之。滑县老安堤（在冀省北岸，豫省插入之地）曾修土坝六道。其长由八十四公尺至二百五十公尺不等，甫及一年，已著相当效果。此外又可作透水柳坝，自堤脚伸出。亦以不阻全沟为度，既可透水，且可缓溜落淤，费用极省。其做法仅以柳桩两行，桩上则以柳把编成篱墙而已。冀省南岸第二段曾试行之，效果亦佳，其优点在费省而工易。堵截串沟，横筑透水坝，以断之者，恒遭失败。盖以串沟之水势亦甚猛，其流量恒至数百或数千秒立方公尺，既成入袖走溜之势，只有善于导之，强行阻障，殊不易也。

堵截横串沟以免正河之水旁泄，当为根本之图。诚以日久恐将沿此而走正河，则危险更甚。截塞之道应于距正河身较近之处施工。先在滩唇选择适当地点，于春初桃汛以前，拦沟截堵，并加护沿。若恐一道力量单薄，或遭失败，可继筑二三道，以为重障。于春日为之者，以工微费省，而时间从容。如大汛一到，则赶做不及矣。至其工作，务求稳固，应与堵口工程，同其坚实，庶乎金钱不致虚掷也。

　　然横串沟既堵塞矣，滩唇淤高，难免不更自他处另生串沟，如是则堵不胜堵矣。是故根本之法仍应于两岸相度地势，对筑长五百或一千公尺之土坝（或曰翼堤），则溜不近堤，而患可减矣。

十二　黄河凌汛之根本治法[1]

　　黄河流域气候不同，其在潼关约为北纬三四·六度，东行，出河南境则转向东北，海口约为北纬三七·九度，故河中冰解之期，断难相同。河南冰解则顺流而下，将近海口则天气严寒，朔风紧吹，冰尚难融，而所来之冰块势必壅积不下。且或重行冻结，因之阻止河流，水位逼高，时有泛滥之患，兹就本年二月十一日以后天津《大公报》连日登载济南电讯，节录之，以明其形势之严重。

　　"鲁黄河解冰，上游邵家集、孙家口，九日晨因下游冰块壅积，河水暴涨，与民埝齐，势将溃溢。李升屯护埽凌排被冰块冲刷殆尽，黄花寺一带民埝多已坍倒，河水倒灌，势更危岌。"

　　"阳谷县长九日电……由邵家集至孙家口计二十五里，因下游冰块壅积，水势暴涨，冰面与民埝相差尺余……"

　　"齐河刘玉和十日电……河冰逐渐溶解……河水陡长四公寸八分……"

　　"泺口十日午后亦解凌……"

　　"连日黄河冰解由上游而下，逐渐解通，乃十一日晚解至下游唐家，因冷突又封结，冰块拥塞，梯子坝以下，水陡涨不已。"

　　"十三日下午二时河务局长张连甲由长福镇返济，向韩报告黄河冰解情况。据谈此次沿黄河南岸赴下游视察，冰凌解至惠民唐家，突又封冻，梯子坝以上冰块壅挤，流阻水高，漫溢埽坝，擦毁甚巨。堤根见水者，长七八十里，自李家起，至梯子坝止，水漫两岸，石坝亦冲塌二三丈不等。滩中村房坍塌甚多，较前年凌汛，大为危急，损失情形为近年来所仅见，殊令人惊骇……"

　　"各段长电陈损失情形，李福昌报告：水共涨二公尺。利津周玉

❶ 本文于 1933 年 3 月（民国二十二年三月）著于天津。

美报告：河冰坚厚，忽结忽停……冯家冰块铲断大柳一株……王旺庄由阳（七）日至元（十三）日早，共涨水一尺五寸（鲁省河局已用公尺，想系以此为单位）……"

"黄河冰凌无变化，下游唐家解至王枣家后仍封结。以下各段或解或结，情况颇活动。宫家至大田家一段冰解，至大马家又封结，各段水势均落。十五日虽稍寒，幸无大碍，现冰解地点距海口尚有四百余里，解通尚需时日。"

"……王枣家十五日突出险工，发现漏洞，河水倒灌，势颇危急，现已堵塞转安。"

"焦作十二日通讯：春气渐暖，河冰顿开，昼消夜冻，顺流积垒，武陟县属东南数村邻近，黄河均于本月六日被流冰壅积，水道阻塞，遂由大堤漫溢数村，麦田尽成泽国，麦收已绝望。房舍人畜幸未受害云。"

以上记载虽非工程性之报告，亦可见凌汛之重要。前述不过其一例耳，已往及将来或大于此，或小于此，总之此问题之亟待解决则一也。据称泺口水位，较去年最高水位低一公尺余（去年最高水位约为三〇·一公尺）。自以上之记载，山东上游各地已至最高水位，而中下游则似增高二公尺也。

凌汛与伏汛时河流之性质，绝不相同。伏汛溜急，顶冲而来，易生溃决之患。凌汛则积冰阻水，流量甚小，其溜亦缓，虽冰块有时亦能冲坏埽坝，然其最险者为逼高水位，漫溢堤外，设堤不坚固，经此漫溢或即再生溃决之险。再则伏汛溜急，含沙量为全年中最大者，凌汛多在二月，其含沙量几为全年中最小者。伏汛之日期颇长，而凌汛之日期则短。自上项记载观之，武陟之漫溢为二月六日，泺口十五日后即无危险，十八日全河已告平安。似此潼关以下紧要时期，约止半月耳。

故就以上情形言之，凌汛之防守，实较伏汛为易。如不致漫溢，固可庆幸，然冬日地冻，土工不易，秸料亦不若秋日之完备，埽坝亦正需春镶之修理，一旦漫溢，则诚如"麦田尽成泽国，麦收已绝望"，而国家之损失不堪言矣。况吾人治河，亦如治兵，不能只作被动之防御，必作积极之发展，方能指挥如意，运用灵活，不止防害，兼可生利。伏汛之问题甚多，容当另篇论之。今先述凌汛之治本方法。

山东西段之患，必较中东两段为甚，自上项记载亦可见其一斑。惟西段无测量统计，不能依据。今就泺口民国八年至民国十八年之水文测量结果略为陈之。然泺口几居山东段河道之中部，且该地河槽亦颇固定，此应预为声明者也。兹据华北水利委员会泺口水文站之统计，节录其水位高低，以作参考。此项记录之采取系以每日最高水位为张本，每月只取二数，一为每月中每日最高水位之最高者（以甲表之），一为每月中每日最高水位之最低者（以乙表之）。以大沽水平面为准，高度以公尺计。泺口津浦铁桥附近，河道切面之情形亦齐整。低水河槽之顶宽约三百五十公尺，靠南岸；两堤间之距离约为一千零八十公尺；河水位至二九公尺，即溢出低水河槽。南岸堤顶约高三一·五公尺，北岸三二·五公尺。铁桥底高三八公尺，两极端之墩相距约一二四〇公尺。

自下表可知凌汛多在二月，而最低水位多在一月或十二月，间亦有在五月者。平均言之，凌汛最高水位较低水时约高二公尺，较伏汛最高水位则低二公尺。今年亦在二月中旬，惟凌汛高至二九公尺，较去年最高水位止低一公尺耳余。

黄河泺口每月中每日最高水位表

最大\最小	月\年	一月	二月	三月	四月	五月	六月	七月	八月	九月	十月	十一月	十二月	凌汛最高日期
民国八年	甲			25.58 *	25.26	24.35	25.48	28.46	28.66	26.54	25.56	25.28	24.80	
	乙			24.17	23.84	23.51	23.81	24.59	24.98	24.99	25.07	24.47	23.76	
民国九年	甲	25.00	25.59	25.76	25.42	26.04	26.48	26.50	26.89	27.94	27.94	26.21	25.82	2月29日
	乙	24.01	24.86	24.31	24.68	24.76	25.45	25.24	25.58	25.46	26.04	25.75	24.30	
民国十年	甲	26.46	25.65	25.66	26.38	26.57	26.86	29.01	29.38	28.26	26.24	25.57	25.14	1月25日
	乙	23.95	24.71	24.70	25.16	25.04	24.92	26.25	27.27	26.26	25.58	25.18	24.37	
民国十一年	甲	24.61	26.61	25.16	25.77	25.57	25.11	27.81	26.91	26.99	25.91	25.82	25.50 *	2月10日
	乙	23.60	24.61	24.64	24.62	24.75	24.52	24.95	25.71	25.39	25.45	25.19	24.72	
民国十二年	甲		25.20	26.15	25.20	24.97	27.58	28.49	26.97	27.39	26.24	25.89		
	乙		24.47	24.74	24.79	24.58	24.70	26.60	25.70	25.81	25.60	24.13		

续黄河泺口每月中每日最高水位表

最大 年　　月 　　最小		一月	二月	三月	四月	五月	六月	七月	八月	九月	十月	十一月	十二月	凌汛最 高日期
民国 十三年	甲	25.10	25.29	25.30	25.78	25.79	26.48	26.81	27.58	27.77	27.71	26.37	25.71	2月2日
	乙	23.78	24.33	24.60	24.80	24.77	24.88	25.10	25.41	25.10	25.56	25.84	24.70	
民国 十四年	甲	26.04	25.89	25.50	25.86	24.63	24.73	28.50	28.48	28.48	26.22	25.88	25.89	2月1日
	乙	24.69	24.61	24.61	24.60	24.00	24.66	26.37	27.00	25.96	25.27	24.87	24.11	
民国 十五年	甲	25.87	25.59	24.91	25.77	25.61	26.84	27.46	28.47	26.89	26.46	27.33	26.46	2月1日
	乙	24.70	24.19	24.02	24.17	24.02	24.74	24.90	26.13	25.47	25.02	25.27	24.83	
民国 十六年	甲	26.92	26.48	27.21	28.28	26.68	26.23	27.66	27.81	27.39	26.67	25.99	25.70	2月12日
	乙	25.08	25.16	25.52	26.13	25.61	25.23	25.82	26.01	26.01	25.96	25.73	24.74	
民国 十七年	甲	25.65	26.31	25.85	26.37	25.39 *	25.46	27.95	27.99	26.79	26.27	26.43	20.66	2月9日
	乙	24.77	25.44	25.01	25.10	24.79	24.71	25.33	26.37	25.20	25.58	25.35	24.71	
民国 十八年	甲	26.06	26.75	25.56	26.30	25.36	25.89	27.56	28.44	26.94	26.39	26.34	25.58	2月18日
	乙	24.75	25.27	24.79	25.12	24.70	24.71	25.36	26.39	25.96	26.01	25.84	23.74	

注：带 * 号的为该月之记录不完备者。

一、二月间因有冰，故未测得其流量及含沙量。据内政部《黄河河务会议汇刊》（民国二十一年九月）记载泺口最小流量（亦系华北水利委员会报告者），民国八年为二二五秒立方公尺，民国九年为二四四秒立方公尺，民国十年为一二五秒立方公尺，民国十八年为八〇秒立方公尺。此最小之流量亦必在水位最低之时。则一月之流量必切近此数，二月间水位虽高，乃由于阻壅，故其流量亦当与此数相近（估计之数目详后）。换言之即因此流量之水不得尽泄，逐渐逼高，危险即因之而生也。若能将此量之一部引导他流，则凌汛之险，可以安然度过，亦至显然也。

论者必以引流之方法、地点，及含沙诸问题相质。兹特分别述之。

今先论引流之量。查自前段记载，水位逼高之确切时间不可得。按：民国十年一月七日泺口水位为二三·九五公尺，二十三日为二四·九七公尺，二十五日则为二六·四六公尺，二月四日则降为二四·九八公尺。如是则二十三日至二十五两日之间，水位增高一·四九公尺。又水位二四·九四公尺时流量为四三八·五一秒立方公尺。

今假设在一月二十三日至二月四日间之流量皆为四四〇秒立方公尺，则二昼夜之总流量当为七千六百零三万二千立方公尺。

今再计算逼高水位一·四九公尺所积储之水量。设以泺口为起点，其上坡度为万分之一（实际坡度或较小于此数，今姑按此数计算，其错误与其他之数字，必相调和也），则泺口以上受逼，增高水位之距离为一万四千九百公尺，设河宽为三五〇公尺，则逼水之总量约为三百八十八万五千一百七十五立方公尺。换言之，被阻者才百分之五耳（亦可谓流量减少其应有者百分之五）。

据民国八年至十八年间之统计，以民国十年一月二十三日至二十五日之水位逼高为最骤且大。又如民国十八年一月二十七日至三十一日四日间增高〇·六四公尺，同年二月七日至十八日共十一日增高一·二四公尺。冰凌阻止之水量当为更小。今年虽较昔日为高，然日期亦较久，无充足张本，故不敢论其情形。

以上之结论所根据之假设为：以泺口为起点，以上之河身亦相似，且无积冰。然则其下所逼积之水为若干？是则于泺口水位增至最高之时，其下是否水位尚有增高者，则积蓄水量之多寡，将毫无推测之根据矣。然此日既在泺口为最高，则壅冰必距泺口不远。再就以上记载观之，阳谷之电为九日，齐河为十日（泺口同），唐家则为十一日，亦可见此高水位之峰顶，逐日下移。又因愈积愈多，故水位之增高常骤，而降落则常较缓也。故吾人不敢断言民国八年一月二十五日泺口以下积水之多寡，然决非只因此二日之积蓄。故此数之估计更属困难。如此则可假定应引出之流量为三十秒立方公尺（约为百分之七），当为一极合理之结论数也。

其可作引河者，厥为徒骇河。徒骇河纳十五县之坡水。自朝城、莘县、阳谷等县至沾化入海。于民国二十年疏浚之后，其上游穿运之处可容流量一三〇秒立方公尺，下游最窄处亦可容流量三五〇秒立方公尺。若能于寿张境挑引河约十五公里引黄水以入古赵王河（徒骇河之上游南支），则容三十秒立方公尺之水，自属易事（按：徒骇河几与黄河平行，入海处亦在黄河三角洲上）。

至于引黄河水之方法，颇费研究。开堤设闸，并添修遥堤、格堤以资保护，如陶城埠引黄济运之设备，实属可行。然人民畏黄心盛，有谈开闸者，莫不群相惊骇，而阻挠之。例如齐河附近之胡庄有减水闸，传为前山东巡抚张曜所修，用以减洪水之一部，经赵牛河而入徒骇河者。人民誓死反对，于闸成之日，皆卧于闸口，倡言与其开闸后受黄患而死，不如即时葬鱼腹也。只得作罢，留此石闸作纪念而已。故为顺从民情计，亦可应用虹吸之原理，将管一端置河中，他端在堤外，因河中水面高于田地，则河水自可外流，既无开堤之险，且收分水之效，亦属得计。开封及济南低水位皆较田地为高，沿河他处亦然。今假定水头为二公尺（以六英尺计算，以下之数目皆须于测量后方能确实，今不过就他处情形作一估计，以作概算耳），则约需直径一公尺之铁管六。其费用概算如下：

虹吸管工料十万元；

护岸工料五万元；

引河购地六万元；

引河土工八万元（或用兵工征夫等则此费可省）；

房屋及其他一万元；

共三十万元。

论者或将谓用费过巨也。吾人且不论其减少水患之价值，兹就可溉之田言之。开封、东阿间极为寒苦，雨量既缺乏，土壤又含碱质，盖以黄河之变迁多由是也。故沿黄各地，亟待灌溉。能利用此引水设备以灌寿张田亩，其量可灌田三千顷。收获之大，岂不可惊！

一二月间之含沙量甚少，因有冰冻，故无测量结果，以重量估计之，约为百分之〇·二（估计法从略），当无淤淀引河之害。灌溉时期泥沙之救济法，请参考拙著《黄河灌溉泥沙之减除》，并可作滤清池救济之（详见拙著《河水含沙与灌溉之关系》一文，载《华北水利月刊》第六卷第七、八期合刊）。

古今反对挑引河者，其理由有二：一为田利而河病；二为引河受其害。前者之代表为胡渭，其言曰："自沟洫之制废，而灌溉之事兴，利于田，而河则病矣……盖河必多泥，急则通利，缓则淤淀……"后者之代表为潘季驯，有人主张引沁入卫者，则谓："……

黄可杀也，卫不可益。移此于彼不可也。卫漳暴涨，元、魏二县田地，每被淹浸，民已不堪，况可益以沁乎？且卫水固浊，而沁水尤甚，以浊益浊，临德一带，必致湮塞不可也。"

今所论之引河，皆不背此原则。盖以河水流量小时，其含沙量亦甚少，不至因引水而增淤。百分数最大者，当在夏秋之交，其时流量在五千秒立方公尺之上，则减去三十秒立方公尺，实系九牛之一毛，亦决不至增其淤淀。况雨水盛行之夏秋，当不需水灌溉乎？至于后者，引水以免凌汛，乃在冬春之交，徒骇河已竭，故不至暴涨。在他季虽有灌溉剩余之水，排入徒骇，然为量甚微，益之山东北部雨水大时（即徒骇河流量大时），即不需灌溉，更不至有所增加。故反对引河之理由，皆不适用于此也。

十三 五十年黄河话沧桑❶

黄河自铜瓦厢改道，垂八十年，东北沿大清河入海，二十年后，山东始筑堤防。盖以其时朝议有南北两路之争，经久未决，又值太平天国之役，无暇顾及，遂漫然置之，后由人民自修堤埝，藉以自卫，故山东堤防，乃近五十年中之所修也。现在服务豫、冀、鲁三省河工满五十年者凡三人，马君清林、周君玉美、朱君长安是也；三人者皆已七十余岁。现马君任山东下游汛长，周君任山东下游段长，皆系清光绪十一年到工；余于前年视察下游工程，曾于宫家坝晤之，并略记其谈话于拙著《视察黄河杂记》中，惜当时行色匆匆，未得详谈也。朱君现任河北省黄河北岸第三段段长，今夏黄河水利委员会拟制造堵口工程模型，特调其来，监理此事；每于公暇，辄趋于话黄河故事。朱君久于河干，熟于河事，参加合龙者前后二十余次，靡险不历，无工不谙，可谓丰于经验者矣。年已古稀，而精神矍铄，尤健于谈，爰将其语，拉杂记之，以觇五十年间，黄河之沧桑云。

朱君为山东东阿人，自言于清光绪九年（时二十六岁）投王镇起部入伍，时王为镇军，统兵十三营，驻防胶东。是年中日适有战争，王曾率兵抗敌；次年媾和，调其军五营赴黄河中游，任防守之责，朱君与焉。自是服务山东河工，迨民国三年，堵筑濮阳工时，始调往河北。山东中下游之堤防，筑于清光绪九年，时抚东使者，陈公世杰也。

最初河防营之编制，每营五百人，又分前、后、右、左、中五哨，外有夫子二百名，防段平均六七十里。时为营官者，声势烜赫，习气甚深，出必乘舆，扈从蜂拥，行李车、膳夫车随焉。入则高坐，侍者雁列两翼，屏息而立，一呼百诺，皇皇乎俨若大官也。其养廉每

<hr />

❶ 本文于 1934 年 9 月（民国二十三年九月）著于开封。

月库银一百两，公费二十两；然平时兵夫名额止有八成，冬日尤少，仅六成而已，故营官之收入颇丰。惟以朱君所交识之营官，前后不下百余人，竟无一善其后者；子孙类多流为乞丐，现在济南市中犹时时见之，盖其席履丰厚，娇惯成性，幼既不学，长为下流，势所必尔！且营官多出身武弁，不识诗书，对于教育一途，尤所轻视。朱君谓有某营官，其幕僚一日劝其延师教子，伊訾之云："汝辈搁笔穷，止依人为生耳，乃翁何曾学问，而至今日；小儿辈任之可也，焉用读为？"搁笔穷者，所以嘲书生者也，谓其赖笔墨为生，一置笔则穷至焉！观此可知其余，其子孙乌得不沦为乞丐耶？

朱君目击于斯，力矫其失；有子四人，皆令之读，长子已学成服务于北宁铁路，次子毕业于北平大学，现长鲁省滕县县立中学，三子初亦任职河工，今佐其兄于滕县，四子今在北平某大学学习法律，皆铮铮有起色，异乎前人矣。

河防营之兵弁，最初亦尚可用，春、夏、秋三季防河，冬则从事训练，兼为附近村落剿匪，保障一方。甲午之役，曾选调数营，开赴前方御敌。后乃以久处河干，训练日弛，器械日窳，遂只供防河，不足言战矣。迨至清宣统年间，人数大减，每营仅二百四十人，今则益少，每段（为营所改）尚不及百人焉。

前清河督裁撤之后，下游各省河防之责，悉以委诸巡抚，或沿河道府。尔时抚道之中，对于河务，能赤心任事，为国宣劳者，颇不乏人：在山东如张勤果（讳曜）、李秉衡、袁世凯诸人，皆卓卓有声。泺口石坝即张勤果之所筑也（清光绪十八年）。自是而后，山东河患频仍，而泺口一隅，独告无患者，张公之所赐也。张公不惟防河有功，即其他德政，亦深入民间，故至今鲁人称之不衰。

清光绪二十二年，利津西韩家决口，久未堵塞，次年口门水深七八丈，时李秉衡为山东巡抚，亲赴河干，督饬工事；忽传栗大王至（即栗恭勤公，殁后封为大王，沿河居民深信仰之，故如是云云），李命携之前来，厉声叱之曰：我乃朝廷命官，来兹督工，为国纾忧，为民除患，汝亦应尔，何乃背此？遂命以黄楮为枷，加其顶上；当时坝坍三丈，群情惶惶，李公不为之动，其不惑俗见，有如是云。

　　袁世凯之来抚山东也，适为清光绪二十七年；当时河决屡屡，为患无已，袁深忧之，即通饬沿河，凡决口出自某段者，则某段营官即应就地正法；于是全河震栗，无所容措。乃群请山东藩司，向袁陈情，谓营官素皆忠于所职，且报酬甚薄，如因失事，即行斩首，则无人敢膺斯职矣。由是改为如有决口，营官革职，永不叙用，并枷号河干，戴罪效用，俟堵口工竣，始行开释。故每有决口，而荷枷带锁伛偻蹀躞于众工之间者，必有其人；遇袁巡河，则屈膝迎送，间有向之泣诉者，则曰："此王法，无如何也。"噫！当时不第山东如是，即他省亦然；不第营官如是，即督抚亦有所不免；惟法是遵，国家常典，以之视之，不禁为之怆然！

　　然玩法舞弊，由来已渐，清光绪末年，已浸生弊端。朱君言：光绪二十九年，山东巡抚周某以下游多事，特调永定河督办郭旭充任下游总办，期收驾轻就熟之效。郭某又自永定河调来人员多名；惟以不谙黄河情形，所作之工，悉无成就；如埽前打桩，旋打旋冲，又其所指示之方法，亦缓不应事，结果所来人员，皆被痛责遣散，然所费公帑已不赀矣，时抢险费开支五十万两。比近安澜之际，利津宁海又决口二百五十丈。周某查河至此，勃然震怒，责郭曰："余自永定河调尔前来，畀以治河专责，本期安澜无事，乃开支五十万两，今又告决，吾实不能与尔分过，请自筹款堵塞可也。"郭某闻之，出涕而言曰："大帅如不能施恩成全，则总办只有投河而已。"周亦无奈，二人相与踌躇，欲蹈河以殉。适有臬司某在侧，因献计云："事不必急，所有费用，堵口时自可弥补。"后即由该臬司督办其事，至十二月合龙，报销一百五十万两云。

　　光绪年间，山东决口之惨，无如民国二十三年利津王家庄之决口。正月初三，凌汛骤至，村民猝不及避，死者二百余人，事后尚掘出女尸抱儿，作哺乳状。

　　光绪九、十两年所修之堤，高一丈二尺，底宽九丈，顶阔三丈，至十三年始植树护堤。其时工新土浮，护岸不固，故决口之事，几于无岁无之。而保护之法，又全用秸料，亦收效甚微。十七年始试用石料护岸，并采取挂柳抢险之法。

山东调用民夫抢险，成绩优著。当光绪十七年历城及十八年济阳之抢险也，各有民夫二千人，时张勤果公巡抚山东，又派兵一营以助之。人民服务河干，皆自裹糇粮，国家无分毫之资助，然皆踊跃将事，毫无怠意，伐木运土之苦工悉以任之。不第此也，尔时树株底径满一尺以上者，价约京钱十余千，而公家仅发制钱五十文，小于是者发二十五文，而人民不争焉；其意盖以若不决口，则受益至宏，不必较此锱铢，其风俗之醇与明识大体如是。

民夫对于河工，既无训练，且乏经验，故堵口不能用之，亦不能用卯工（短工），以其工作少而耗费多也。以前堵口，如人不敷用，尚可临时招募，以官长率之，每工发一号衣，以资区别，并分棚分哨，藉便指挥，非若卯工每日计人付资之烦矣。

伊时沿河县官，对于河务责任重大，故堤岸防守亦慎，以滨、蒲、利等县言之，每届废历端阳节时，县官即督饬民夫上堤，昼夜防巡。每二里设一屋，堤根不见水时，每屋二人，见水则增至十人，至霜降后止，岁以为常。上堤民夫，按里摊派，由各村首事（村里长等）管理之。惟县官以责任之重也，故其对于河防营之不敢轻视，而极力交欢营官，待如上宾，乃时移势易，今则已矣。

清时黄河决口，按例则有七人负责，即承防、分防、营官、哨官、提调、会办、总办是也。决口之后，各摘去顶戴，另有上宪委人代其原职，而各该员等仍须留河助工，藉赎前愆。凡督官员，所住之屋，皆系草舍，简陋不堪；盖以自罚，以示与民同甘苦也。总办之屋，仅秸墙茅顶，天寒之时，重障一席足矣；至营哨等官之所居，则只有窝铺而已。

七人之中，提调之职，最觉清闲，仅司上下巡查之责，有如今之视察员，多以同知充之，间亦有以知府充之者，惟甚少。以其清闲，故当时歌以嘲之云："提调提调，胡闹胡闹，大汛一来，不照不照，见了委员，照料照料，见了哨官，做埽做埽，看工完了，三声大炮。"不照者，不妙之意也。按提调之设，原甚重要，《河上语》云：提调总两坝事，与总办同，尤以能任劳怨为要。此殆专指其堵口时之任务而言，然于斯见其重要矣。盖以后日之历任斯职者，多泄沓从事，不肯负责。故久而为人所轻，歌谣因之以起。

除提调视察之外，每届春日，又派委员沿河检查水沟浪窝，鼠穴獾洞，及堤上土牛等；皆一一勘视，不敢稍忽，亦要举也。

黄河工程，今已逐渐进步。如以合龙言，最初用外边坝（临河），后改为里边坝，继又改为单坝，即独龙过江，由后戗坐根作边坝，较前远胜，然亦按实际之需要而定其宜也。曩时合龙，多在冬春两季，一则因决口后，稍加筹备，已至冬日，再则届时水退，工作亦易耳。

朱君任职河务，五十年间，参加合龙二十余次，而所辖段内，一未出险，虽云天幸，亦由其任事勤敏，防护周密所致也，兹将其参加堵筑之决口，胪述于下：

光绪十年，齐河北岸李家岸决口，十一年二月初合龙。

光绪十一年，齐河北岸邱家岸桃汛决口，五月底合龙。是年秋，历城章丘交界南岸之埽沟决口，十二年正月合龙。

光绪十二年，章丘、济阳交界南岸之佘心庄凌汛决口，三月底合龙。是年秋济阳北岸葛家店，历城南岸河套圈决口，至冬季合龙。

光绪十三年，济阳北岸王家圈伏汛决口，口门宽二百余丈，后以河南郑州决，水自涸，始得堵合。

光绪十四年，济阳南岸大寨及南岸四王庄二处决口，次年合龙。

光绪十七年，历城师家坞决口。此次抢险叙功，朱君升为队长，统率百人。当时抢险，工料极感缺乏，至拆庙宇取材，仍感不给，乃采用挂柳之法，颇为著效，山东之用此法自此始。

光绪十八年秋，章丘南岸扈家岸，济阳北岸三里庄，惠民北岸桑家渡，南北王皆告决。朱君所参加者，南北王一处也。

光绪二十二年，利津北岸台家洼、赵家菜园，南岸西韩家告决。是年，朱君升哨官。

光绪二十三年，历城南岸小沙滩胡家岸凌汛决口，是年冬利津北岸扈家滩决口。

光绪二十五年，历城北岸王家梨行凌汛决口。

光绪二十七年，惠民北岸五杨家、济阳（？），南岸陈家窑决口，朱君参加五杨家合龙。

光绪二十八年，惠民北岸唐家、利津南岸冯家决口，朱君参加唐家合龙。

光绪二十九年九月初间（庆安澜时），利津南岸宁海决口二百余丈，十二月二十八日合龙。

光绪三十年正月初三日，利津北岸王家庄凌汛决口，次年春合龙。叙功朱君加副参将衔。是年秋利津海口以上北岸薄家庄决口，因距海近，未抢堵。

宣统元年，濮州北岸马刘家开口，虽在直隶（河北）而水灌山东，直隶不堵，山东堵之，因上游河务人员无堵口经验，特自下游调员抢堵，朱君与焉。

宣统二年，直隶孟店决口，为堵口事特自山海关调沙明亮为开州解台，因沙明亮任山东河防营官多年，素有经验也。于是沙明亮乃由山东河防营调官长五人，河兵五十人，前往供役，朱君随往，工毕回任。民国二年升下游北四营营长，驻利津王家庄。

民国二年，直隶濮阳决口，次年朱君被调往协助堵口，自是遂供职河北矣。

以上所述，间有为书报杂志记载所未详者，计决口二十六处，而朱君参加者二十二处。兹更参考他书，补充于下，以见清末以来，下游决口之繁。惟以同一处所，村落栉比，此记甲村，彼记乙村，故不免有重复之处，又因参考资料缺乏，亦或有遗漏之点。

咸丰五年六月，铜瓦厢决口，自是改道北自大清河入海。

同治二年，曹州漫溢。

同治五年，河南胡家屯溢。

同治七年，河涨冲决山东赵王河之红川口，河南之荥泽汛亦溢。

同治十年，河溢郓城。

同治十二年，东明石庄户决口，又老王户、邓楼漫溢。

光绪元年，菏泽贾庄大工合龙（按：即石庄户决口）。

光绪四年，东明高村口漫溢。

光绪八年，历城桃园决口，北岸到处漫溢。

光绪九年，齐河顾家沟，历城鲁家庄、刘七沟、徐家庄，齐东船家道口等处，先后于伏秋漫决。济阳曹家庄，齐东坝河西岸马家庄，蒲台四图赵庄、许家沟等处皆于霜降后漫决。

光绪十二年桃汛，章丘南岸吴家寨，济阳十里堡，安家大庙皆漫溢。

光绪十三年，河决郑州。

光绪十五年三月，利津南北岭下游韩家垣决口。齐河张村，历城西纸房，章丘大寨均先后合龙。

光绪二十一年正月，济阳北岸高家漫溢。六月利津尾闾北岸吕家洼，齐东南岸北赵家，寿张南岸高家大庙等处先后漫溢。

光绪二十六年，滨州张肖堂堵口，三月合龙。

民国二年废历六月，濮阳北岸决口，至四年五月合龙。

民国六年废历六月，长垣南岸范庄决口，九月合龙。

民国十年废历七月，长垣南岸皇姑庙决口，至十月合龙。又利津宫家坝决口。

民国十三年废历七月，长垣南岸郭家庄漫口，至十月合龙。

民国十四年废历六月，鄄城南岸李升屯决口，十五年三月合龙。

民国十五年废历七月，东明南岸刘庄决口，八月合龙。

民国十七年二月，利津棘子刘决口。

民国十八年正月，利津扈家滩决口，又七月南岸黄庄漫口。

民国二十二年国历八月十二日温县北岸，兰封南岸三义寨，考城南岸四明堂，长垣南岸二分庄，北岸石头庄等五处，共决五十口。

民国二十三年国历八月十二日，长垣九股路一带溃决。

光绪九年以前，山东中下游，既无堤防，故无所谓冲决，只有漫流而已，其记载之少，固不待言；即以上所述，八十年间，决口七十余处，平均言之，几至每年一次矣。当黄河之初次改道东流也，下游既未设防，宜其漫流之多；夫如是则上游之患自少。故河南虽在清代，河患最烈，然自北徙而后，除民国二十二年外，仅有三次；嗣以山东之堤防渐固，而决口之次数递少。民国而后，渐移至冀鲁之交矣。今则又上而移于冀豫之交，不数年后，或更进而完全至于豫省，亦未可知；故河南之隐忧，正未已也。实因流水不畅，河槽淤垫有以致之。然若三省同增堤防，仅于顾标，而黄河全身不汲汲施以根本治导之策，堤防虽固，淤垫不止，不决则已，决则改道之患，恐不免矣。此非危言耸听，亦非杞人忧天，盖征诸已往之历史，验之河身之变化，而势有必然者也。

十四　李升屯黄河决口调查记[1]

　　民国十四年夏，山东黄河上游临濮集附近李升屯民埝决口，致水流逼近大堤，故寿张境官堤黄花寺等十余处之险，接踵而起，惊波骇浪，汹涌数百里，生命财产损失无算。河务局数派职员调查估工，以备修筑，英以局外之人，曾被邀请参与其事，乃略记之。

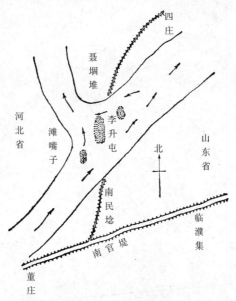

李升屯黄河口门草图

　　时余居曹州，距黄河仅五十余里。十月十七日，适下游局长率领各股长过曹赴李升屯调查，准备估工，邀余同往，欣然诺焉。

　　此行也颇怀戒心。出发之前一夜，曹州城内突被抢掠。以多数军

---

[1] 本文于 1925 年 11 月（民国十四年十一月）著于曹州。曹州，今山东菏泽。

队驻防之地，尚复盗贼横行，曷胜浩叹！及离城二十五里，至小留集，又闻昨夜该集内抢去钱店三家、烟店一家，并架去肉票若干人，为之悚然！至临濮，又知集外游人，亦时被架，益为惴惴！幸匪亦有道，对河工人员，尚留余地。前曾有王技师者，被掳旋即释放，此一证也。

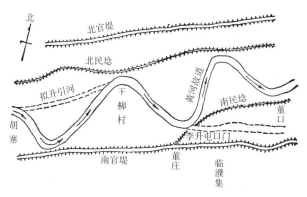

临濮集附近黄河草图

黄河之堤，分官民两种：官堤归政府修理，以保堤外之财产，其建筑护养，均归政府，官堤相距甚远，自十数里至百里不等，其间亦多肥壤，故人民又筑民埝于大堤之内，以御河水，而便种植。官堤、民埝之间宽自数里至四五十里不等，其间住户，极形稠密，乡村集镇一如他处。李升屯之决口，乃开自民埝，水流泛滥，灾及濮、郓、范、东诸县，其惨苦之状，有不忍言者。

出临濮寨门，稍北行，即黄河大堤，高约二十尺，顶宽二十五尺，坡度约一比二。余辈极目所至，仅见半枯垂柳，他无所睹。据云：灾民均已奔散，住户大减，但送料（高粱秸）之马车，络绎不绝于途。

登堤北望，则飞沙茫茫，白色映空，残木枯树，渺无人影。大堤附近之水，虽已退去，而淀沙之多，实出意料。柳树干部，尽皆没入泥中，只余柳条一二，现出地面；高粱则全身陷入，间有穗头露出而已。昔日村庄，今成沙土，泽国之惨，良可悲矣。

过大堤而北行，约三里至李升屯口门。昔日之李升屯者，今其地适当急流之冲，民埝开后，水滔滔自西南来，直下东北。民埝决处，宽三四里，最深之处，有达十五尺者，平均在六七尺。水流分二：一经故道，一则直流东北；但前者较小，大部分则由新道而流矣。

下游情形更险，距李升屯二百余里处，河决于黄花寺大堤者五处，决于黄花寺民埝者四处，危及黄河南岸，更无庸言。黄花寺诸处决口，实李升屯口门有以致之。

历勘李升屯口门数日，同人等均以引河、截流坝、挑水坝等诸策，皆可用以救急。兹就初勘商讨之可能修筑办法，及其利弊略述如下：

（一）修引河于董口。水之故道，自董庄向北流，渐近北民埝，折东南行，而至董口，乃折而渐近南民埝。自李升屯决口后，东流则沙淤水浅，河面极广，如能于董口，穿过民埝，修一引河，连络李升屯新道及董口以下故道，以顺水势，颇为得力。惟董口附近民埝官堤之间，水势甚大，设堤放水，工程浩大，且长约二十里，取土无由，殊多困难。

（二）自胡寨掘直河道至王柳村。改直河道，水势可顺，使水流直下东北，再东继续开道，其法亦甚可采，但三十里之引河，数十里之民埝，恐未易言之。

（三）设截水坝于四庄附近并设挑水坝于河之东南岸。南坝以上，溜势侧注，至四庄有回溜，渐归故道，惟水流大部仍趋东北。若设坝截四庄大溜，则聂堌堆之东，四庄之南，成为静水，逐渐淤淀，水流势必趋向旧道。若再由南坝以上修挑坝数道，逼水趋向故道，并使剥蚀对岸滩嘴，河流之弧度亦可减少。惟截水坝须横截水流，工程不易，稍有意外，便成险工，加之聂堌堆适当水流之冲，亦有冲刷之险。至于旱堤之修筑，以地多新淤，沙土根基，难期稳固；此吾人所急应注意者也。

（四）退修截坝于四庄之北而掘引河于聂堌堆及四庄一带。聂堌堆一带地势甚高，引河有四五里之遥，既有第三法之害，复有第二法之短，殊无足取。

（五）接修原有民埝兼筑挑水坝于河之上游。若将决口民埝，合堵连接，再以挑水坝逼河流回故道。以截坝较斜，工程较第三法或属易举，坝虽较长，但无旱堤之修筑。再用挑坝，水流亦可逐渐冲刷新滩，藉复原状。此法所用截水坝较长，时日必久，材料亦多，亦应考虑。

（六）挖引河于滩嘴子加设截水坝。自小刘屯一带，修挖引河，河长四五里，挖掘尚易，惟地属河北，间有庄村，交涉困难，当可想见。

上述各法，利害参半；最后决定，尚待来日，盖以在工程上、经济上、人事上，必皆经详加勘估、计算，方可言定，非匆匆二三日所可断定也。然黄河为患，无岁无之。我国治河之法，有防无导，似非善策；加之治水，省自为政，各不相谋，欲加通盘筹算，事有未能。且一切水文记载及测量详图，均感缺乏，亦憾事也。

按：黄河于民国十四年决口于李升屯，次年堵合，二十四年又决于董庄，先冲民埝，次决大堤，大溜转趋苏省。李升屯之堵口计划，即与本篇第五法大体相似，即接修上游原有民埝，并于上游南岸筑抛水坝是也。董庄之决，即在李升屯合龙处之南。今日论董庄堵合计划者，亦谓不外上述各策。然黄河之患，已促起国人之注意，政治设施，又较前大为进步。材料之运输，益形敏捷。水文之资料，愈以丰富，则昔日所感之困难，日渐减少，而方法之选用，自易着手矣❶。

---

❶ 本段按语写于 1936 年 1 月（民国二十五年元月）。

十五　视察黄河杂记^❶

民国二十一年十月，国民政府特派王应榆先生为黄河水利视察专员。王先生邀余陪同视察利津至孟津一段。于十月十六日起，十一月二日止，凡十八日。爰就沿途所见，拉杂述之，以供参考。至视察报告及工程计划，当另文为之。兹仅述此段黄河之概状，及杂感而已。

十月十六日早六时自济南寓所，至胶济饭店，会同视察专员王应榆先生，及其随行秘书王柏臣，山东河务局工程科长潘万玉，分乘汽车两辆于七点钟奔赴泺口东之葛家沟。于该处登船，船身颇宽大，有房间二，一宽三公尺半，长五公尺，其他则半于此，均高约二公尺半，两旁镶以玻璃，后有厨房，前有下房，下有船舱，盖山东河务局第二号船也。据称为前山东巡抚张曜所造之红船，专供视察河道用者，已近五十年矣，实为黄河最安适之旅船。船上有船工十五人，临时派厨夫二人。

登船后以厨夫购菜尚未返，又回岸视察葛家沟险工。石坝甚固，现在水位为二九·二公尺，今年最大时为三〇·一公尺。黄河之所谓险工者，即在河身弧形之凸方，正溜走于斯，直顶河岸，易生溃决，负河防之责者，所必须严防之处。西望则津浦铁桥横跨黄流，白帆映日，鹊山遥峙，风景绝佳。

自葛家沟下行，则河道北曲成一大弧，然距北堤岸尚远。北岸地面淤滩，约较现在水面高二·五公尺（其时水面较本年最高差〇·九公尺）。岸上之树，似为三十年所长成，则其时之最高水位迨为此矣。此段南岸多石坝，而北岸甚少，一则河身多趋南岸，再则距济南愈近，而保护之亦愈切也。因此，念及黄河之治理，历代重视，今则江、淮年有大工修治，而黄河则仅有尚未成立之委员会总理之，

---

❶ 本文于 1932 年 12 月 5 日（民国二十一年十二月五日）著于天津。

亦或因国都南迁之故欤？然黄河不治，淮河必受其害，治黄尤重于治淮也。

河溜两弧之间，较直部分，常有湹如海浪，成波动前进形状，或由于此部河底之高低不平所致。自河中取水于玻璃瓶中，使之沉淀，所含泥沙，以体积论，约为百分之五。然此不过约略言之，就华北水利委员会之测验，民国十年陕县最大含沙量为百分之一七·○七（以重量计），最小为百分之○·六六；泺口最大为百分之一·五五，最小为百分之○·三七。民国十八年陕县最大含沙量为百分之二二·六二，及最小为百分之○·一五；泺口最大为百分之六·八一，最小为百分之○·○五。俗传："一石水八斗泥"者，或系于决口处水过一丈，可淤八尺之谓。亦或极言其多，未必即为事实。

船抵济阳，登岸视察。此地因河溜常变，而护岸工程，亦随之变更。今年之为险工者，虽抛石抢护，费尽心力，期其长久，孰知异日河身变动，而前功尽弃，不得不另谋新工。如是则固定河槽，诚为治河之要图也。

沿河两岸，多为碱地，面积不等，狭者百余尺，宽者三五里，至王枣家亦如是，惟多生苇草。此等地带，宜于放淤，一则可以肥田，一则可以减洪。放淤求其安全，莫若用虹吸管，既可防黄水之冲决，且工费有限，管理便利。惟人民难与图始，而政府又无暇顾及，致有利之事业，不克进展，良可惜也！碱地虽亦征粮纳税，而每亩地价不过三五元。若施以三年之淤，变为肥壤，则增价十倍。兼之逐渐淤高，巩固堤防，一举两得，宜早图之。

王枣家是日之水量，据报为二○·三四立方公尺，济阳为二四·八二立方公尺，相距约五十公里，则河面坡约九千分之一。下午四点到清河，登岸下行，忽狂风大作，被迫回船。是日因风向顺利，故行二百七十里，船中饮食起居均极安适。

山东段现下河身之宽，约为二百公尺，虽极大水位，亦不过二三公里。

十七日早七点自清河启程，九点半至蝎子湾，风甚大，船不能行。下午三点半始东去，六点半至王旺庄，沿河工程，皆甚整齐。当晚宿于王旺庄，凡行约一百里。

　　护岸工程已渐改用石料，良以所用秸埽（即以高粱秸，用绳捆之，逐渐下水，用以护岸之物），多不耐久，且松动易于冲走。据云：昔日曾有提议采用石料者，因河工人员皆忌用之，故未实现，盖以用石料则不易出险，不出险则无发财之机会也，此言虽近于虐，然亦不无原因。

　　人多迷信，例如对于某山，因风水关系，石不可采。自肥城运石至涨口，每方（松方，以下皆同）十元，内石工三元，运费七元。若用涨口附近之石，虽人工较昂，五元当已足用，然以迷信之故，多不能开，而消费亦增。

　　于王旺庄遇老河工现任汛长吕振东者，年六十一岁，于清光绪十八年到工。此外尚有周玉美及马清林者，皆系光绪十一年到工，为服务河工最久者，今就吕振东之谈话，略志如下：

　　"于光绪十八年当兵，至民国元年升官，光绪二十一年在蝎子湾抢险，时无石坝，均系秸埽，无石则易于走埽，今则石先护基，而全埽甚固矣。光绪二十二年大工为西韩家，二十六年马张家，二十七年王杨家及陈家窑，二十八年刘王庄等二处，其时约每年一次险工。每营三百工，又有二百夫（夫系短工），今则不及五分之一（按：营已改为分段）。顺镶（言埽）则只顾眼前，顶镶则仰脸及栽头（皆埽之不得法者），必按症下药，相机而动，以平为准，做埽无善法，全凭土压。埽如船，土少则不稳，太重则不浮，埽之桩如骨，绳如筋，料（即秸）如肉也。"

　　以秸埽作护岸之用，传自河南，其劣点甚多，据潘科长所称有六：（一）每年必加镶，太不经济；（二）秸埽比重太小，易于浮动；（三）若埽上加土太多，虽可免上项劣点，但埽身临水一面不能做成收分，河流易成回溜，而刷深埽基；（四）镶埽之处，多系被溜淘刷坍塌之坡，则埽之重心，必在上部，而不稳定；（五）所用之绳为以作依靠及连络秸料之用，若埽被土压，秸紧而绳失连络之效，故易走失；（六）以土压埽，水来则易冲去，其效失。故秸埽实有改良之必要。然亦有其利益，山东、河南一带，产高粱甚多，价廉而易取，若于大险之时，以之抢险，实较其他方法经济，而效率且大。余意埽之用途，不过如是耳。

十八日早七点自王旺庄开行，其南岸埽工甚佳，河身愈下愈窄。至宫家坝，为民国十四年决口处，此工于民国十四年十一月由亚洲建筑公司承修开工，十五年七月竣工，共用银一百五十万元，较之我国估计四百万元者，所差甚巨。昔日估工，窃意其不甚合理，多凭主观，缺乏根据，惟定于河务当局之一言。此工之足可述者，为西法堵口第一次应用于黄河也。我国旧法堵口，则自决口两端（即新决河道两岸），将料石自两端下水，逐渐向中间进行，名曰进占，如是愈进则口门愈窄，水流愈急，河槽刷深亦愈烈，则其工作亦愈难，故常至两端逐渐接近时被水冲去，前功尽弃，因此料之走失者，不可数计。如能两端相接，则谓之"合龙"，此等作法，似与水力学原理不合。宫家坝口之作法，则系先横过此新决之河道打木桩，上铺轻便铁道，所有石料，则由轨道下倒，平均自河底逐渐填高，先成一水面下之拦河坝，此时之溜必较小，以后渐填渐高而"龙"易合矣。然当新用此法之时，河工人员皆反对，并多料其不能成，守旧之心，亦太甚矣。

视察宫家坝工程及旧河道，有分段长周玉美及汛长马清林同行，马清林年七十五岁，在河工已五十余年。于九点三刻离宫家坝，马君在船上之谈话如下：

"原在河南工上，光绪十一年山东调河南标（标系河兵组织，与河防营之意同，惟其大小组织略异），教授山东兵勇。至十三年河南标在山东即不甚得意。同年曾赴河南堵郑州决口，该次决口经老黄河南，东南行入运河，此为河南最后一次决口。河南省两堤甚宽，暂时不至决口，然易淤，一决即不可救矣！当初来山东时，河工无石料，年三四决。光绪十七、十八年有用石料者，惟甚少。再则因大清河身不顺，屈曲太甚，亦易生危险。光绪二十七年，石料、砖窑及沿河电报，均被先后采用。二十九年利津以下工防始退至宁海（利津东三十余里）。以前其下尚有二十余里，设有营副，后则因其人性少野，河决亦无防事，处理又不易，故放弃之。河口一带曩时产盐，今因淤高已无。此段以下至海口，似应添设工段，以资防守，如能屯田更好。"

闻此老者之言，甚有感焉。河南一段河身甚宽（其时为五六里，大水时为十五至二十里），河挟泥沙而至，必淤淀于斯，河流必极散漫，洪水一来，则生危险。故黄河六大变迁决口之处皆在河南东部，此应注意者一也。宁海以下近百里，无人治理，河口情形，无人知晓，即河工人员亦罕至此，故河水漫流于三角洲，非不能治也，特不治耳，此应注意者二也。

于十一点至大马庄，距利津八里。利津各界皆来欢迎。本拟直赴海口视察，以河道情形，无人熟悉，较大船只不能进行，回程又甚迟缓，计非三日不可，且土匪甚多，地方人竭力劝止。不得已乃觅熟习河口之船家一人，名刘昭德者，询问之，据谈：

"已有二年多未至海口，距宁海尚有一百一十里地。现河走南道，即自宁海东南去也。大水时河身水深十二尺，小水时四五尺。水面现在地下三尺，潮水影响利津，约一尺。陡崖头在毛丝坨潮水界，可作码头之用，浅水四五尺。滔滔河水，深可行船，平时八尺。河上游距徒骇河四十里，下洼码头距沾化城东十五里，有轮船名小白皮者赴天津。下洼至沧州一百五十里，其西北四十里为埕子口，亦一码头也。海滩靠海岸附近（潮界一带约二十里）长芦苇荆条。南至新河，北至下洼，长二百余里，宽三十里。潮界之内产豆，每年一季，茂甚，按小亩计，每年一亩可收三元余（注意：此乃未垦之地也）。渔船最大者为四十石，约千只，每船三人，每船每年收入自数十元至千元不等。船至天津、大连。鱼以梭鱼及虾为大宗。除受潮水影响者，海滩约四百万亩，宁海以下如修堤防，则荒地可无泛滥之患，而河口亦固定矣。"

关于海滩新淤之四百万亩荒地，昔日亦曾研究之，今由垦丈局总务股长史全如、中国红十字会利津分会理事长王如汉、河尾堤工委员会主任委员岳光甝及其他职员之报告，与探访之情形，则知此海滩，实一富源也。然山东人民多渡渤海走关东，何以弃此地而不开发？其原因甚多，而大者约有数端：

（一）治安不能维持也：各地不安，已成普遍之现象，非独此三角洲为然。惟以其荒凉，不肖之徒，尤多聚于斯，愈集愈多，遂为逋逃薮。现有联庄会办理剿匪事宜，亦驻有军队及民团，惟人民稀少，与匪患乃互为因果，故剿匪亦难。曹州一带号称多匪，数年来已绝迹，此无他，人民能自卫耳，若人民自卫团体办理完善，则匪患可免，而生产亦日兴盛。广东三角洲占全省富源四分之三，每年可出保安费七百万元，可知匪患不能认为阻止殖民之有力理由。又渔业素盛，今亦因此而衰落矣。

（二）黄河之漫溢也：河口情形，已如前述。尾闾不畅，不特影响上游之水不得宣泄，而三角洲上亦恒漫溢为灾，故人民耕种，咸感不便。然施以治理，亦甚易易，特人民自忽之耳，若能固定河槽，则自无水患。地方已有河尾堤工委员会之组织，办理堤工事宜；惟经费不裕，是以迟缓，容另论之。

（三）无淡水供饮料也：地面之水多碱苦，故影响居民之密度，至于地下层如何，尚未钻探。

（四）交通不便利也：此系附带要素，无甚大关系，而最重要者则为（五）。

（五）管理垦殖之不得法也：政府有垦丈局之设立，已成收租机关。至于放地方法则甚不完善，而弊端百出，试举其一二。当地富豪，往往用经济势力，出少数金钱，领多数之地，提高租价，转租小民。四至不明，常有一地而放给数主，争执迭起。有权势者，避瘠就肥，将自己劣地不种，强占他人肥壤，而当局又不丈量，于棹面上放收，此种强豪把持之黑暗，实为殖民之最大阻力。

淤田有已升科者，有已承租者，后者又分试垦及承垦两种。以马厂之地论，凡九百九十九顷，其租分三种，每年每亩一元二角、一元及八角不等。平均言之，以一元计，已约有十万之数矣。全淤四百万亩，稍加整理，姑就四分之一言之，亦必有百万之收入，为初步计划之工程费及治安费，绰有余裕。故吾谓河口之整理，一则关系工程，一则关乎经济。此部若能解决，不只尾闾有治，且可以此款为基金，作治河之用。（垦丈局每年收入只列万余元，与开支适相抵，今年收入似增，其实只有九万余元之数。）

人民之赴荒耕种，亦颇特别。于种收之期，农夫始荷锄耒而往，事毕即返故里。农工甚有自德县、临清一带前往工作者，作工一季，足敷一年之用。盖以当收获之时，人少工多，每人每日工资多至一元或二元，故收入甚丰。豆苗深及腰际，往往取其实，而焚其茎。以人烟稠密之山东，而有此迹近边漠之景象，亦云奇矣！深愿社会人士注意及之。而尤有望于山东父老者，近来关外之路，已被阻塞，昔日之赴关东谋生者，可以转其方向而至河口，一以救济失业，一以开发富源，计甚当也。

夜宿利津之阎家船上，有兵士保护。

十九日早六点起床，自阎家乘自雇小汽车，沿堤西行。堤顶平整，垂柳夹道，风景绝佳。正值秋收之时，人民颇具殷实之象。下午四点到济南。

二十一日早七点乘小汽车两辆自济南出发，经泺口渡河，二十分钟，即登北岸。乘车沿堤西行，同行者除吾四人外，又有山东建设厅测量班长李君润之及测夫一人。至胡庄有减水闸，传为山东巡抚张曜所修，用以减洪水之一部，水经此闸北流，入赵牛河转于徒骇河入海，人民誓死反对，于闸成之日，皆卧于闸口，扬言与其开闸后受黄患而死，不如即时死于此也。虽以巡抚之威权，亦莫可如之何，只得作罢，留此遗物纪念而已。减水亦为治河之一策，人民畏之，终不能成。若初步用虹吸管，不开堤而水可外流无阻，人民必皆欢迎，敢断言也。

再西为红庙，有一百方里之碱地，稼禾不生，村庄稀少，正放淤之优良地点，山东建设厅已有计划。或藉此为湖泊，以减洪水，而资放淤（地面较低水面为低）。

经齐河（距济南四十里）而至官庄（又七十里），已十一点一刻。进午餐。自泺口以上，南岸皆无堤防，直至十里堡皆系山岭。北岸防工则甚坚固。自官庄经香山，至陶城堡❶凡六十里。此为运河穿

---

❶ 陶城堡，应为陶城埠，下同。

黄处，尚有陶城堡闸，北去已无河形，近闸处，两堤之间，约六十公尺，再远则堤形已无。据六十岁老人谈，伊十三四岁时，尚见放船，每年两次开闸，重船（即载粮者）在六月间，空船约在九月间，此地距临清一百八十里。老闸在张秋镇，老闸不用后，改用此闸，昔为繁盛之区，今则已矣！

临清以北运河，有卫水入之，四季行船。此段则借黄灌运，每借黄一次，则运即淤塞一次，来年开运之前，又挑挖一次。闸宽六公尺余，只一空，以石作成，有铁锔子，甚坚固。此闸距黄河尚有五里，其间堤埝纵横，不辨方向，似为于引水渠两岸，多设月堤、护堤之类，以防黄河大溜之冲决者。

运河身中已种田，为官府所售出，且已升科纳粮。土地之任意放领，殊不得法，将来修治运河，又多一纠纷也。

此处渡河较洙口为难，约需时四十分钟，船两只用资八元，亦云贵矣。渡河行一里余，达十里堡，北门亦有一闸，为昔日南运入河之处，修于清光绪元年（其时黄河来鲁，已近二十年），以前运高于黄，后则黄高于运，恐其倒灌，故设闸以制之。今日运河入黄之处，在距此六十里以东之姜沟，原为坡水洼，与汶水不通（南运北部之水，由汶而来，于分水龙王庙汶河分南北流，北来者约三分之一），后以十里堡为黄河淤闭，水始自姜沟入河。数年前华洋义赈会曾挖姜沟，以疏东平之水。每岁六月间黄水高时，倒漾入运，平时姜沟约宽十五公尺。

东平地势洼下，故汶河之水流入成湖，每年自六月至来年二月，八个月中，全被水淹，是则与其名为洼地，无宁湖之为愈也。是故人民屡兴涸复之策，拟筑圈堤，则河水不得流入，当以经费浩大未成，民国十九年虽筑之，亦无益。就涸复利益观之，一年麦收足抵工程费而有余；然迭经荒乱，自救不暇，又焉能垫支堤费，政府则亦无款补助。以其关系重大，或有工程上之利用，故决定明日前往视察。

至十里堡已四点半，住河务局上游总段。房舍甚宽广，系前临清道行署，以其时上游局长，为道尹兼任也，局中人员招待极周。

二十二日早七点携同本地老人谌芝蓉同乘汽车赴大金山，视察东平洼地。出十里堡寨门，沿运堤南行，尚有堤形及河身，河底较地稍高，已种麦，由县政府租于人民，每年每亩租一元。经戴家庙，七点三十分至大金山，因路途崎岖而窄，甚不易走。至东平洼地之堤，东望则一片汪洋，宛似一大湖泊，湖中有岛，庄村在焉。洼地有主，业已免粮，洼地东西皆山，南则不见边际。据称南北长有八十里，东西平均十五里，有人口五千，每亩地价十元或三元不等，可种春麦一季。在堤五六里以外之地，每亩价可三十元，十年中约有三年被淹。

堤以石护根，以大金山附近论，其时湖中之水较堤外之地尚高一公尺。堤顶宽二公尺，高出水面三公尺，为二十年前人民修筑，现在每亩摊兵料钱约四角。灾地人民宁愿饿死，亦不愿外出殖民，一则安土重迁，经济困难；再则无识之民，地域观念太深故也。

运河工程局拟涸复一半，他半仍以为湖，究竟应当如何处理，尚待研究。

回十里堡时已十点，即起行西去。经黄花寺，尚见民埝决口，淹没房舍，殊为可怜。此后即沿官堤西去，距河道渐远。

自十里堡之上，堤有官堤与民埝之分。民埝者沿河筑堤，为民修民守，两堤相距数里或十里不等，民埝之内尚有小堤，错乱颇甚。其外则为官堤，南岸至董庄上与民埝合，北岸入河北省界，南官堤距南埝最远处有四十里。民埝居近临河，官堤居后，为第二防线，民埝一失，水势建瓴，直冲官堤，每连带出险。民国十四年濮阳境之李升屯，寿张境之黄花寺，皆其例也。实以民埝有时民力不济，往往出险，故改为官守，甚属必要。

沿堤西行，愈形荒凉，郓城、鄄城、菏泽一带，较之利津、滨县等地，远不及之，沙碱干枯，非兴水利不可。下午二点至董庄，进餐，遇巩县之运石者，据云巩县石每方四元，运费三十元，合计三十四元，运一次需时二十天。

下午四点至刘庄，已入河北省界，然其上则犬牙交错，省界互交。刘庄为第一险工，水自西北来，至刘庄陡折北流，约只七十五度，故南岸险甚。地在河北，决口则尽淹山东，故山东人民极注视之。以地域关系，莫可如何。近数年来，刘庄、李升屯、濮阳等工，莫不如是。冀省则以利害之较小也，关系又不若是之切；鲁省府既不能修冀省之堤，于是曹属八县堤工联合会因之以兴。因地方之利害关系，各县摊款修筑此堤，现所修之石坝，即为其一例。刘庄之外，又修一圈堤，而各县摊款，动辄十余万，因生死关头，不得不如是也。以河道之不统一，人民出此额外之捐，亦云苦矣！各县摊款，心又不齐，往往于紧急之时，满口承应，时过境迁，靳而不予，以致当事人受料贩工人之追索，苦不堪言。良可慨也！

自刘庄之西渡河，时已五点半，因河面颇宽，且须选择登岸渡口，于暮色苍茫中至北岸，乘车行，七点一刻，抵濮阳之河北河务局，局长为孙庆泽氏，山东河务局工程科潘科长即留于此，改由孙局长招待矣。

山东于清咸丰五年，河南铜瓦厢决口，夺大清河至利津入海，长凡八百余里。初时两岸仅有民埝，并未设司管理。讫光绪初年，山东巡抚丁宝桢奏请黄河统归山东巡抚管理，分上下两游，上游为兖沂曹济道辖境，下游为济东泰武临道辖境，即由该道总司其事。至光绪二十年后，始分上中下三游，每段设总办一员，会办二员，均以候补道充之；提调二员，以知县、直隶州、同知、通判充之；文案收支则以州县班充之，而于省城另设河防总局一所，以现任司道为督办，专司支发款项，稽核报销等事，民国元年裁撤河防总局三游督办，改称局长、会办、提调均裁，每游设分局长二员，旋改为一员，文案改为第一科，收支改为第二科，各设科长科员；然名称虽更，而权限依旧，不过款项日缩，规模渐狭而已。民国六年，山东省议会提出议案，始将河防局完全改组，废去局长，设一总办，成立三游河务总局于泺口，统辖其事，上下两游仍各设分局长一人，中游事务统归总局兼办，从此一省之内，事权统一，无此疆彼界之分。民国七年，内政部改三游河防总局为山东河务局，总办改称局长，办事处移济南，其内部之组织则分总务科、计核科及工程科，各游分局，则按地段共分为十六营，专司河防之责。民国十八年，改上中下三游分局为三总段，沿河工兵十八营，改为十分段。现任山东河务局长，为张连甲氏。

山东省内南岸官堤，自菏泽朱口起，至寿张十里堡止，又自长清宋家桥起，至利津宁海止，共长五百四十里九分（自十里堡至宋家桥一段二百里，因河滨多山，未设堤防）。北岸自濮县高堤口起，至利津盐窝止，计长六百八十九里一分。两岸共长一千二百三十四里，均由河务局随时修理，负责防守。间有民埝工程，由河务局酌量情形发给津贴，由民众自行修守。

山东黄河修守经费，清末每年额定银六十万元，民国十二年减为五十四万元，十八年为四十八万元，其中二十四万元为河务局段俸薪饷项各费，二十四万元为全河修守工料防汛各费，由本省财政厅支领，遇有特别工程，则另行呈请。

二十三日早七点沿河视察，先至一拟放淤之区域。又至濮阳特工处，有徐世光泐石，濮阳决口凡用银五百万元。河北河务局现有房舍即系特工余款所修。论者多言所费总数太大，然时过境迁，亦无法考究。

北岸习城集南小堤决口，已度过危险期，正用抛砖抢护，下砖之法，亦与埽有相似处，即先以铁丝编一网，一边以铁丝绳系于岸之木橛上，他边续编成网，随抛随下，砖在网内不致走散。他法则系以铁丝编成宽三公寸半、高四公寸、长五公寸之长立方笼，盛砖八十个，以代石料，每笼共需工料二角五分。据山东河工人员之经验，五十斤之石，即不易为水冲走。

继至第七号横坝，为河北河务局以束水计划而试筑者，于水高时下秸加土，现水已退，坝基即高出地面，长约二里，顶宽八尺，拟筑高八公寸，坡护以石。此等计划，似宜两岸同时并作，否则恐成挑溜之现象。

正午渡河，河身宽一千公尺。遂沿堤西行，至东明县境之十三坝，为民国十九年之险工，亦拟于此处修坝，长四里，尚未动工。

黄河经过河北，亦系咸丰五年事，经濮阳、长垣、东明三县。南岸长一百里，北岸长百余里。南岸河堤建于光绪元年，调大名漳河同知为东明河防同知，并以直隶大顺广兵备道，兼管水利河道事宜，复调保定练营前军司黄河工作。民国二年改设东明河务局，及河防营长，仍隶于冀南观察使。北岸河堤本系民埝，民力不逮，漫决时闻。

民国七年为改官民攻守，设北岸河防局及河防营；八年七月设直隶黄河河务局，仍以大名道尹兼之，改两岸河务局为分局；民国十八年，改为河北省黄河河务局，并裁两岸分局，改设南岸办事处，及八工巡段。民国十八年常年经费七万五千三百三十六元，南岸办事处全年度六千九百四十八元，春工费九万元，防汛抢险费六万七千三百九十一元三角八分四厘，凌汛凌牌费二千九百七十八元七角，冬季临时费、煤炭费三百元，以上各项均由省库开支。如发生临时险工时，则随时呈请增拨。

本拟沿堤西至开封，经河北、河南两局之报告，谓地面极不平静，且有一段沙地，车难通行，故不得已改由东明、考城之路。惟此路既非汽车常行之路，又不熟悉路线，甚为费事。十余里抵东明，再五十里，于下午三点半至考城，沿途极为荒凉，流沙遍地，草木不生，宛如沙漠，皆黄河之赐也。沿途虽有军用地图可供参考，路径究不熟悉，每经一村，则乡人环围汽车参观，视为新奇。询及道路，则十余里外之庄名途径多不能答，大有日出而作，日入而息，老死不相往来之势。惟地方甚乱，若行至一寨，有时询其寨名，则仓慌而走，曰："我非本地人，不知村庄名。"一若恐匪徒之按门抢掠者，故行经此段颇感困难。抵考城，则居民稀少，冷落万分，至一小饭馆进餐，未辨精粗，仅就其能供应之蔬菜，择而食之，竟索洋四元，诚彼千载不遇之发财机会也。

日已西坠，距开封尚有一百四十里，故急急前进，经黄河故道，铜瓦厢在其北，因土沙梗阻，且天色已晚，未能前往，殊为憾事。而堤形纵横，沟壑罗列，忽高忽低，已不辨奚为河身，奚为决口处矣。登顶一望，沧桑之感，油然而生。时已薄暮冥冥，幸已入汴曹汽车路，途间无何困难。进开封时，已夜色沉沉矣。寓河南大旅社，河南河务局局长陈汝珍氏来访，谈及已迎数次，并候于城门者甚久，并邀赴大金台旅社所预定之房舍居住，然以已安定，不便再迁矣。

二十四日上午赴河务局，搜集资料，交换意见。十点半钟乘汽车视察贾鲁河，经朱仙镇至歇马营，约七十里，沿途亦多沙地。贾鲁河发源荥泽县东，经中牟、尉氏等县，由周家口入沙河，再入淮河，为民国十六年利用民力挑挖者，共开支一万元，如实按民夫估计，则须九十万元也，于此可见民力之伟大。山东于民国十八年秋，即提倡利用农暇，作挖河之工作。数载酝酿，民国二十年春徒骇河工竣，以土方计之，可值二百万元。现在洙水、万福两河亦相继竣工，以土方计之，可值四百万元，悉以民力为之。当兹财政贫乏之时，若能善用民力，兴作有利事业，非不可能，无奈民力多消耗于逃难避灾之中矣。

贾鲁河以前泛滥为灾，民国十六年疏浚后，两堤植树成荫，低水时可行船至吕潭，高水时至白潭。约于下午一点半返朱仙镇，进午餐。朱仙镇为四大镇之一，昔为交通要道，商业繁盛，数十年间，一变而为萧条之区，仅有餐馆三五家，及售卖供应神祇之香楮商店数家而已（门神纸马于旧历年前始有交易，今则代售杂货）。饭后至岳王庙。朱仙镇又为历史胜地，岳武穆大破金人于此，建有关岳王庙，极为辉煌，现为军队之残废院所据，东院之牌坊，雕镂亦极精致。三点半返寓，检阅各种材料，中有《河大王将军纪略》，颇有趣，略为述之。

神道设教，历代行之，尤于人力所不及时，更显权威，操纵命运。大禹治水，以其工程浩大，疑有神助，乃尊为神禹。现科学昌明，揭破宇宙之秘密，神之势力，早已不存。然在黄河，尚未能破除净尽。盖黄水滔天，来势汹涌，所过之处，房屋丘墟，生命财产尽付东流，人民惧黄之心，胜于一切。因惧生疑，因疑求解，解而不得其当，乃以为冥冥之中，有神灵为之主宰，于是大王将军出焉。在上者亦利用此等心理，催眠民众，往往辄奏奇效。例如凡大王出现，则不至决口，决口后出现，则必能堵合，实为催眠之良剂。每当险象丛生之时，洪水汹汹，危在须臾，民夫抢护，如不见效果，则心怀惴惴，以为定劫难逃，便意志颓丧，勇气消失，如忽有大王出现，则为迷信驱使，精神奋发，工作倍增，而险可守矣。故迷信在沿河民众中，尚有相当力量。实则人力可以胜天，非神力也。

《河大王将军纪略》书中述大王六，将军六十四。金龙四大王姓谢名绪，宋会稽人，因慨宋室之亡，昼夜泣语其徒曰："吾将以死报国。"其徒泣曰："先生之志果难挽乎？殁而不泯，得伸素志，将何以为验?"曰:"异日黄河北流,是予伸志之日也。"遂赴水死。明、清数次加封而为王。黄大王名守才,清河南府人,颇多神异之行。朱大王名之锡,清浙江义乌县人,顺治三年进士,历官兵部尚书,都察院右副督御史,进阶太子少保,任河道总督,康熙五年殁于位,乾隆封之。栗大王名毓美,山西浑源州人,嘉庆六年以拔贡生官河南知县,道光十五年授东河总督,力倡秸埽不固,石料较远,宜用砖护堤之议,二十年殁于位。宋大王名礼,河南永宁人,洪武中以国子生擢山西按察司金事,数迁至工部尚书,永乐九年开会通河,及治理黄河,清光绪间始封为王。白大王名英,山东汶上县人,明永乐年间,宋尚书用其策,开运河有功,清代雍正、同治、光绪皆有封号。至六十四将军,皆受封者,其事迹有可考者,有不可考者。六大王之化身为蛇,其色形各异,将军之化身,则为蛙龟之类。河神不仅黄河居民信之,其他各河流域亦多信之。据土人所谈神话尤多,办理河务者,亦多存怀疑态度,盖以民众力量,不可侮也。余以在河之日浅,未得一考究竟,实为憾事。

二十五日出开封北行,赴十八里处之柳园渡口。开封城之周围皆沙,正与昨日所见者同,禾苗全无,只有柳树。开封乃宋都所在,当时决不能沦于沙荒。数百年间,而乃如是,黄河之工作大矣哉!

陈桥在河北岸,居柳园口之东北,约二十里。现在河面宽约五里,大水时可至十余里,河中多现沙洲,此与山东状况不同之点也。南大堤以内之地,高出现在水面六公尺有余,即所谓老滩,亦或昔日大水位所淤积者,相传系铜瓦厢决口前所淤。大堤之外地更低洼。自柳园口渡至陈桥约二小时,据称此系顺风,否则须半日。及抵北岸,于陈桥东四里处登大堤,见一洼地,南北五里,东西二十余里,其约略高度如下:堤外背河之地,距北大堤顶约十六公尺,堤顶距堤里临河之滩地面高四公尺,滩地面距现在水面高六公尺,如此则水面较堤外背河地面高六公尺。洼地碱甚,草不生长,大可放淤,河南河务局正在计划中。参观此处后,即赴陈桥午餐,已下午二时矣。陈桥镇内有东岳庙,内有宋太祖黄袍加身处碑及系马槐。庙东有古陈桥(桥则系新建),镇内有居民五百家,河务分局即设于昔日总督行辕内。

　　三时三刻回至渡口，于渡船中则见岸壁耸立，约六公尺有奇。其切面现有层次，想系多次淤淀者。其最上层约厚七公寸，系黏土，次为厚四公寸之沙，又次为二公寸之黏土，又次为二公寸之沙，又次为一公尺之黏土，又次为二公尺之沙，又次为三公寸之土，至水面，可见每次淤积之状况矣。

　　于船渡南岸，再上行方至柳园口，河中多沙，故船夫六七，皆赤身下水，或推或挽，至南岸则拉牵而进，五时半登岸。同行者有河务局陈局长汝珍，建设厅宋科长海涵、王专员、王秘书及余；以外尚有河务局数人。李班长润之因病携测夫返济。

　　在开封视察完毕，关于调查材料，未预备完竣者，后由河务局补寄。乃拟于二十六日早八点西上。陈局长以在汴尚未参观风景，恳切挽留，遂于是日上午先至古吹台，一名禹王台，今为建设厅之园艺场，正值菊花展览会，台上有一取水器，内格作螺旋形，乃一螺旋吸水机也，台旁为繁塔。旋至龙亭，宋代之宫殿也，巍峨高耸。东有潘湖，西有杨湖，乃开封之第一胜地，内有侯嬴井、九龙墩等古迹。又至博物馆，为前法政学堂故址。内容极丰富，未及全览，只商代文化遗迹、殷墟甲骨文字及新郑出土铜器，已足观矣。复经铁塔，至孟子游梁祠。匆匆之间一览无余，遂于十点离汴城矣。

　　先至柳园口后沿大堤西行，堤顶汽车路极为平坦，两旁造林成绩亦佳。柳园口西河南建设厅计划由此引黄入惠济河。六公寸之虹吸管，已运至堤。滤水池为旧柳园口决口洼地。自河堤至开封干渠，宽八十英尺，于西郊分为二：一向南至西南城角折而东，经建设厅苗圃，入惠济河；一向南经朱仙镇至歇马营入贾鲁河，为支河，宽五十英尺。闸口之进水量，为每秒二千立方英尺，供灌溉及航行之用。

　　经东漳、杨桥至来童寨（距开封一百三十里），已十二点。上游南岸分局设于斯，凡河务局房屋，建筑较佳。进餐后更西进，沿途河面宽广，最窄处，亦有至五百公尺者，尽为石护岸，南岸碱地甚多，险工为黑岗口、杨桥等处。

　　下午一点十分至郑县北石桥（下三堡），西即为清光绪十三年黄河决口处，所谓郑州大工者是也，祸及中牟、开封一带。相传此工用款千万余两，言之者尚多表示不满。有李鸿藻、李鹤年、觉罗成孚、倪文蔚、吴大澂等勒石，此工始于光绪十三年十二月二十日，至光绪十四年十二月十八日竣工。

河南省自郑州决口，四十余年来无水患，石料护岸之力也。虽近无水患，河南黄河问题尚未完全解决。前曾言之，六大变迁，皆自河南。今实察河形，沙洲纵横，水流迟缓，再证诸华北水利委员会民国十八年最大含沙量之测验，陕县最大为百分之二二·六二，同年开封为百分之三·八二。其差如是，则大部之沙，必尽淤淀河南；而河道又宽，水漫流沙洲间，日积月累，洪水突至，河身与平地难分，又必冲决，而第七次改道之患，恐亦必因此而生。故今日之无水患，吾不为河南喜，若一发决，即危害江北，敢断言也。为今之计，河南速定适当河槽以治水，实乃根本之图。

郑县、荥泽界有虹吸管，径约十五公分，引黄灌田，已试用之，成绩甚佳，淤塞情形亦轻。现人民自动又加一管，可见人民难于创始，乐于守成，奈何山东尚未兴办耶？

三点至保和庄，堤为沙筑，车不能行，改由堤下行，甚困难，于四点抵平汉路黄河南岸站。以无火车与车站交涉，借用轧车两辆。自开封所借之汽车，即止于此。黄河南岸大堤亦于此为终点。渡黄河铁桥约十七分钟，桥一百孔，每孔一百尺，共计一万尺（约三·一公里），过桥后至北岸车站，有备好之长途汽车一辆。沿沁河堤西行，又北行。堤之切面就车中估计略为堤顶宽六公尺余，堤外背河地面较堤顶低十公尺，堤里临河地较堤顶低三公尺，水面较堤顶低六公尺余，如是水面尚高地面三公尺余也。四十余里，抵木栾店寨，为昔日之交通要道。渡沁河至西岸，为武陟县。冬日河上有木桩覆以秫秸之桥，大水时则被冲断。

六点至武陟，寓河务上北分局。沁河河务局亦在是。沁水源出山西沁源县北之绵山，支流甚多，共长五百余里，其流域南北二百余里，东西五百里，屡次为灾。民国二十年九月测量一次，流量为每秒三百四十立方公尺，其含沙量似亦甚大，但不知确数。曾受黄河倒漾影响。沁水上游灌溉利用甚广，因水面较地面为高，故利于灌溉。每闸可灌田二三十顷，或百余顷，冬春用水，夏日停止，故灌田与最大流量无关，皆系人民自己管理之。引沁之闸多在河之凹边（即缓溜），恐正溜冲入闸门也。灌溉后可增收三分之一，地价增一倍。

沁河防止泛滥之法，则用土石秸埽。沁河每年泛滥大小不等，但皆非冲决，故加高堤顶实为要图，沁河工程，前为每年二万五千元，今已无定额。堤为民堤官守，分两局四汛，共有九十六工兵，局长为郑有瑾氏，属河南河务局。

二十七日早八点赴距武陟五里之朱原村，参观灌溉闸。引水渠自河水至围堤（为引水建筑，用以保护大堤者）长短不等，穿围堤时，有闸门，过涵洞，出围堤约有二公尺，为露天渠，继为涵洞。其上可种地，至大堤时，又为露天渠，有闸门在露天渠之两端，再穿大堤而入灌溉渠。参观后又回武陟西行。

此古怀州地，时值秋末，白菊遍野，亦美景也。怀菊入药，而产量亦丰。据云：菊花、山药、牛七、地黄为此地药品特产。经小司马，于五堡上堤，沿途极不易行。

该处蟒河，水流甚急，原只有十公尺，今年为一百公尺，黄河一部之水流入，夏季黄蟒不分，一片汪洋，合二为一，堤多石护。

孟县与武陟交界处，有先贤卜夫子故里碑（其墓则在山东菏泽）。十二点三刻至温县东门，折南行至古柏嘴渡口视察，二点始到。该处为河南境内河道最窄者，宽约五里。现在河之正溜近南岸，中有沙洲，北岸有河沟一道，宽约十公尺。南岸为邙山，北岸地势亦颇高（地与水面平），有小堤高一公尺三寸，顶宽二公尺。对岸滩上南部多树。地价每亩四五元，北岸十余元。水受山势阻挠，折向东北流。

四点到大王庙进午餐。下午六点住孟县城南五里之防汛办公处（北开义村）。此处距武陟只一百二十里，虽稍南经古柏嘴渡口，但如此短程，行走一天，足见大汽车行动之迟缓。沿途尚无险工。孟县为韩愈故里，南门内有碑，其后人尚有在者。

二十八日早六点半出发，经孟县城西去，直赴白坡渡口。路更难行，及至八点一刻，始至落驾头（距孟县十五里），后来之轿车，都已追上，盖以车身伟大，而道路窄狭，路基又较地面低五公尺至八公尺，如行壁中，地复不平，是以困难万分。至落驾头渐近河滩，有小桥一架，车不敢行，改雇马车三辆，九点出发，至十一点半约行二十里至孟津渡口。本拟于此处雇船下行，至洛河口，然船极稀少，不得已，渡河。沙洲甚多，船不能近岸，由船夫背负涉水登舟，约半点钟至南岸。距铁谢二里，汉陵在焉。因有赴洛阳之营业汽车，亟待出发，故未往瞻仰。

据传孟津古城，在今城北二十五里，今城距河南岸约五里。黄河身逐渐南滚，故于清嘉靖三年避河迁此，证诸汉陵，亦属可信。陵今已临水，最为危险，断非建陵初意所能料及。地方人为保护古迹计，拟修石坝，实一举两得也。

乘车经龙马负图处，内有伏羲殿及龙马像，像为龙首马身，背有花纹。伏羲氏获之于此，画八卦，则文化之始。有历代帝王碑记。又经孟津县西门，四十五里至洛阳，寓同春大旅社，同行者为河南河务局郝西庚君。

二十九日整理各种材料，并讨论治河方法，休息，沐浴。

三十日早六点二十五分，自洛阳乘火车赴巩县。八点到，先至县政府，由建设局长陪赴洛河口视察。洛河穿流巩县境，地土肥腴。每亩地价百元至三百元不等。乘舢板顺洛河下行，八九里，山水明秀，风景甚佳，颇似江南，不图干燥之中原，尚有此等地方。大水时洛河受黄河荡漾至黑石关，约五十里，远望洛黄交汇之处，水色界划分明。至邙山头大王庙下船，河溜正刷邙山东行，邙山系黄壤土质，高约四十公尺，一月中坍塌数次。据云：邙山之北曾有村庄，今已随波埋没。此上二十里处有石护岸，颇有效力。上游之铁谢，下游之古柏嘴渡口，及洛口，河溜皆在南岸。又据称最高水位较现在约高一公尺六寸，最低亦不过低四公寸，如是则水位差只二公尺。视察后乘船渡至洛河东岸，步行而返，因船行不易，且费时也。

沿河石料，多自巩县采运，青石出孙家湾，距河口约四十里，每方约七千斤（十六两秤），开采工每方三元至三元五角。运至开封工料共需十八元，至兰封二十一元，至菏泽三十四元。方船可运五方，两头尖船可运两方。十二点乘车，一点半回洛阳。

洛水发源于陕西之冢岭，当少华山之南，蓝关之东，经雒南及河南之卢氏、洛宁、宜阳、洛阳、偃师、巩县等县，长七百余里。其支流为涧水、缠水及伊水。伊水源出卢氏县之闷损岭，东流经嵩县、洛阳之龙门，会入洛河。伊水亦长六百余里。

洛水在洛阳以上，利多害少。洛阳城南亦甚得灌溉之益。南关新修护岸堤，已有损坏。

河南省河务局管理区域，南岸自孟津铁谢镇起，至铜瓦厢入河北东明境，共长四百三十余里。北岸自孟县白坡起，至铜瓦厢入河北长垣境，共长四百一十五里。两岸共八百四十余里。沁河两岸，亦各一百六十里有奇。

河南之治河历史最久，清代由河东道总督专管，复分其权于开归、河北两道。南北两岸设同通都守八厅、八营，及兰封、荥泽、孟县黄河官工三局，河内、武陟、沁河民工两局。嗣后河督缺裁，归河南巡抚兼理。民国二年改设河务局，旧日河工同通八厅及五工局，均改为河防分支局长，都守改为营，民国二年复裁并，设十局十营，又改为九分局，两工程队七支队。民国八年改河务局各支队长一律称为工巡队长。沁河亦改归官办，分为东西沁两分局，直属河务局。民国十七年预算经费二十五万九千零三十八元，工款二十三万七千二百二十七元，共合四十九万六千二百六十五元，由省库支付。然以财政困难，实支不及总数之半。

三十一日王专员等赴龙门，余以前次赴西安时，参观一次，故未同往，因整理所搜材料。此行时日虽短，然沿途利用时间，则甚经济，故一日有二日之功。

晚六点王专员等乘车西去，赴潼关，更继续视察。余则于十一月一日早六点二十五分乘车东返。晚八点到徐州，即晚九点半乘车北来。二日上午九点至济南。

此行所得各种资料，多为河务人员及地方人士所赠，既予以视察之方便，不明之处，又承代为解释，特附志感谢。